Attila Albert

SORRY, IHR NERVT MICH JETZT ALLE!

REDLINE | VERLAG

ATTILA ALBERT

SORRY, IHR NERVT MICH JETZT ALLE!

Mit Nervensägen im Job umgehen,
ohne selbst den Verstand zu verlieren

Bibliografische Information der Deutschen Nationalbibliothek:
Die Deutsche Nationalbibliothek verzeichnet diese Publikation in der Deutschen Nationalbibliografie; detaillierte bibliografische Daten sind im Internet über http://d-nb.de abrufbar.

Für Fragen und Anregungen:
info@redline-verlag.de

© 2023 by Redline Verlag, ein Imprint der Münchner Verlagsgruppe GmbH,
Türkenstraße 89
D-80799 München
Tel.: 089 651285-0
Fax: 089 652096

Redaktion: Christiane Otto
Umschlaggestaltung: Marc-Torben Fischer
Umschlagabbildung: Yayayoyo/Shutterstock
Satz: ZeroSoft, Timisoara
Druck: CPI books GmbH, Leck
Printed in the EU

ISBN Print 978-3-86881-914-4
ISBN E-Book (PDF) 978-3-96267-472-4
ISBN E-Book (EPUB, Mobi) 978-3-96267-473-1

Weitere Informationen zum Verlag finden Sie unter

www.redline-verlag.de

Beachten Sie auch unsere weiteren Verlage unter www.m-vg.de

INHALT

GENUG GENERVT

Seit wann sind nur alle so anstrengend? Ein paar Nervensägen hat man im Berufsleben ja schon immer getroffen. Aber heute ist man doch schon völlig erstaunt, wenn jemand mal einfach seinen Job erledigt und nicht pausenlos nervt.

Der CEO muss erst eine Klimaschutzpredigt auf LinkedIn halten, ehe er zu seiner nächsten Konferenz nach Asien fliegt. Der Abteilungsleiter ist seit seinem Achtsamkeitstraining nicht etwa empathischer, sondern passiv-aggressiv. Eine Kollegin verkündet im Meeting, dass sie jetzt »non-binär, aber polyamorös« sei. Die andere gibt bekannt, dass sie trotz Konzernkarriere »gegen das System« kämpfe, insbesondere das Patriarchat hasse, aber den Geschäftsführer feiere. Der Praktikant hält sich für hochsensibel, ist aber vor allem gering motiviert. Als Teil der »Generation Z« weiß er, dass er hohe Ansprüche nur anmelden kann, weil seine Eltern notfalls sein Leben weiterfinanzieren, bis er 35 ist. Kurz: Jeder* pflegt seine Neurosen und erwartet dafür unbedingte Toleranz. Aber wie soll man noch konzentriert seine Arbeit erledigen, wenn man eigentlich als Therapeut und Seelsorger gebraucht wird? Wie entspannt bleiben, wenn einen alle anderen schaffen?

In früheren Zeiten war man zumindest nach Feierabend abgeschirmt. Musste der Chef oder eine Kollegin einen unbedingt daheim anrufen, konnte man unbemerkt den Anrufbeantworter einschalten und sich am nächsten Morgen zurückmelden: »Tut mir leid, wir waren unterwegs. Hab's erst spät gehört!« Heute nutzen die Nervensägen alle digitalen Kommunikationswege, um zu jammern, zu schimpfen, emotionale Bedürftigkeit zu offenbaren und sich selbst darzustellen (»Ich weine um die Regenwälder in Brasilien, auch wenn ich gar nicht genau weiß, wo die liegen«). Hat man erst einmal grob fahrlässig die Nachricht auf LinkedIn, Facebook oder WhatsApp gelesen, gibt es kein Zurück mehr: Irgendein kleines Symbol verrät, dass sie geöffnet wurde. Nun ist eine Antwort fällig, die einen unter Rechtfertigungsdruck setzt.

Dabei muss man froh sein, wenn noch jemand verständliches Deutsch beherrscht. HR und Personalentwicklung haben die gefühlig bevormundende Sprache der Sozialarbeiter und Esoteriker ins Unternehmen geschleppt. »Ich rede jede Woche mit ›Transformierenden‹«, berichtete kürzlich ein »HR-Strategist« in seinem Beitrag. »Meine Frage an sie ist: Was ist dein Warum? Wie kommen wir ins Handeln, wo möchtest du nicht hinsehen?« Manchmal schämt sich da selbst das »innere Kind«, weil sein älteres Ich wegen einer Überdosis an Veit-Lindau- und Robert-Betz-Büchern das richtige Sprechen verlernt hat. »Wenn du anderen Licht geben möchtest, musst du vorher selbst leuchten«, hieß es doch kürzlich im Motivationsseminar. »Du bist ein kostbares Sinnwesen, verschenke dich!« Darauf einen »biodynamisch« erzeugten »Detox-Saft«, also einen ganz normalen Gemüsesaft zum zehnfachen Preis. Den kann man sich von einem schmalen Fahrradkurier mit Mindestlohn auch täglich frisch in die Firma liefern lassen. Das versüßt ihn noch mit dem wohligen Gefühl, ein lokales Start-up – also nachhaltiges Wirtschaften – zu unterstützen!

Anglizismen zeigen, wer trendig ist

Marketing und Vertrieb haben schon vor vielen Jahren entdeckt, dass Anglizismen perfekt dafür sind, jede Banalität weltläufig und neu erscheinen zu lassen. »Dienst nach Vorschrift« klingt als »Quiet Quitting« beispielsweise gar nicht mehr faul und ambitionslos, sondern wie eine trendige Revolte, über die man gerade in Amerika spricht. Fortgeschrittene kennen schon »Quiet Constraint«, was bedeutet, seinen Kollegen nicht alles zu verraten. Auch das hat es noch nie gegeben, wie jeder Berufstätige bestätigen kann. Am besten, man führt laute Handytelefonate in Bus und Bahn, damit andere mehr lernen: »Haben wir die Units so, dass sie performen? Das war ein ewiger Struggle. Aber jetzt stehen wenigstens die Dotted Lines für unseren Go-to-Market!«

Eine Freundin tippte, schon progressiv amerikanisch, »Hi, guys!« in den Firmenchat ihres neuen Arbeitgebers. Sofort tauchte ein automatisierter Hinweis auf: Diese Anrede könne sich »für Frauen und nicht-binäre Personen ausschließend anfühlen«. Sie möge bitte eine Alternative wählen. Dabei kommt es gerade jetzt auf den guten Willen an. Die Pressestelle zeigt nicht ohne Grund in jedem zweiten Foto ein afrikanisches Modell, obwohl in Deutschland nur 0,9 Prozent der Bevölkerung eine derartige Herkunft haben. Aber dann können zumindest alle anderen beruhigt darüber sein, dass hier niemand diskriminiert wird.

Manche Kollegen haben schon gar keinen Platz mehr in ihren Social-Media-Profilfotos. Sie mussten darin bereits Regenbogen-, EU- und Ukraineflaggen, Spritzensymbole (»Ich bin geimpft!«), ein grünes Herz und »Keinen Millimeter nach rechts!« unterbringen. Jetzt darf allerdings nichts mehr passieren, was weitere Statements dieser Art erfordert, sonst müssten sie hart erkämpfte Positionen wieder räumen.

Andere verlegen sich auf Geheimcodes. Drei rote Punkte im Profilnamen heißen zum Beispiel wahlweise, dass man die Coronalage besonders schlimm fand oder sich härtere Maßnahmen wünscht. Einige wollen sich nicht mehr auf »er« oder »sie« festlegen lassen. Ein geheimnisvolles eigenes Personalpronomen zeigt, dass man ganz besonders ist, selbst auf einer regulären Sachbearbeiterstelle. Die Deutsche Telekom schlägt dafür in ihrem internen Kommunikationshandbuch beispielsweise »nin« vor, was praktisch »es« heißt. Beispielsatz: »Nin arbeitet gern mit nimsem Team zusammen.« Wer sich dem verweigert, könnte ans »Bedrohungsmanagement« gemeldet werden, also an die neue interne Moralpolizei.

Bei all dem spüren wir schmerzlich den Niedergang der Kirchen. Früher hätten Töchter und Söhne aus besserem Hause mit Hang zur frömmelnden Weltverbesserung eine sinnvolle Aufgabe im Kloster gefunden, etwa die Armen versorgt und getröstet. Heute müssen sie erst zu »Fridays for Future«, dann in die Konzernabteilungen für »Vielfalt, Inklusion und Nachhaltigkeit«, um öffentlich unsere Sündhaftigkeit anzuprangern, Buße und Umkehr einzufordern.

Das konterkariert zwar die Wachstumsziele des Unternehmens, insbesondere auch in den Märkten mit heiklen ökologischen, sozialen und politischen Gegebenheiten. Aber notfalls kann der Vorstand ja ein örtliches Hilfsprojekt sponsoren, was die lästigen NGOs hinhält und sich für die eigene Image-PR nutzen lässt. Regenbogenflaggen kann man ja sowieso nun das ganze Jahr nutzen, wenn nicht gerade wieder die Ukraine dazwischenkommt. In Konzernzentralen werden heute mehr »Zeichen gesetzt« als auf dem Kirchentag. Allerdings endet die Nächstenhilfe meist schon, wenn es darum geht, die eigene Belegschaft ausreichend zu besetzen. Ein Rätsel aber auch, warum sich nie genügend auf die hochgestochenen Ausschreibungen zum Niedriglohn bewerben!

Viele Fragen an die Nervensägen unter uns

Der Umgang mit den Nervensägen im Berufsleben wirft viele Fragen auf. Was soll man einer Branchenkollegin antworten, die auf Twitter dieses angebliche Erlebnis veröffentlicht: »Heute früh hat meine vierjährige Tochter zu mir gesagt: ›Kann Annalena Baerbock helfen, dass Elon Musk nicht mehr so böse ist?‹ Da musste ich weinen.« Vielleicht: »Ist das dieselbe Tochter, die vor einem Jahr gesagt haben soll: Mama, können denn auch Männer Bundeskanzlerin werden? Und was ist ihre Position zur Energie- und Klimapolitik? Denn Greta ist ja nun auch schon volljährig und gehört damit zum Establishment.«

Auch handfeste Fragen der Betriebswirtschaft führen schnell zu nervigen Streitigkeiten. Wie beispielsweise reagieren, wenn die neue Abteilung »People & Culture« eine Themenwoche zum Trendthema »Mental Health« durchführt und vorschlägt, man könne doch via Zoom gemeinsam kochen, um sich über Probleme und Ängste auszutauschen? Soll man darauf entgegnen, dass es sinnvoller wäre, ausreichend viele Mitarbeiter einzustellen und die Organisation zu vereinfachen, damit nicht mehr fünf Führungskräfte auf einen Kollegen zugreifen? Oder vielleicht, dass ein pünktlicher Feierabend die bessere Wahl wäre, um mit dem eigenen Partner kochen zu können oder überhaupt endlich einen zu finden?

Damit würde man schnell zum Spielverderber, dem mangelnde Sensibilität zu unterstellen ist und der zudem die Kostenkalkulation völlig durcheinanderbringt. Am Ende schlägt noch jemand vor, all die Abteilungen für ideologische Umerziehung und PowerPoint-Erstellung aufzulösen und die Planstellen den unterbesetzten Bereichen zuzuschlagen. Immerhin erzählen die automatisierten Ansagen im Kundenservice seit Jahren: »Wir möchten Sie darauf hinweisen, dass es aufgrund der aktuellen Coronalage und eines zusätzlich sehr

hohen Arbeitsaufkommens zu einer längeren Bearbeitungs-
zeit Ihrer Anfragen kommen kann.« Aber eventuell lässt sich
der Fachkräftemangel so gar nicht lösen, weil in den betref-
fenden Teams gar nicht genügend Mitarbeiter sind, die man
in wertschöpfende Bereiche versetzen könnte. So sind sie weiter gezwungen, selbstgerechte Moralprosa zu verfassen.

Andere haben sich derart optimiert, dass sie ohne den
ständigen Blick auf ihre Apple Watch gar nicht mehr sicher
sein können, ob ihr Puls noch schlägt. Wer nicht schnell genug an ihnen vorbeigeht, hört die unvermeidbare Meldung:
»Ich bin heute schon meine 10.000 Schritte gelaufen!« Dann
kann man sich auch einen überteuerten Fitnessriegel aus der
Kantine erlauben, der mehr Kalorien und Zucker als ein
McDonald's-Menü hat. Aber dafür vegan und fair gehandelt!

Diese Kollegen sind auch eine große mentale Unterstützung für diejenigen, die es seit vielen Jahren in ihrem Job
»nicht mehr aushalten«, aber bleiben, weil der nächste Urlaub schon wieder gebucht ist und sie noch das Geld dafür
verdienen müssen. Ihnen malen sie gern Kreisdiagramme auf,
in denen sich die Beschriftungen »Passion«, »Mission« und
»Profession« so überlagern, dass man in die Mitte »Purpose«
schreiben kann. Wer dann immer noch nicht weiß, warum er
sich das antut, dem helfen nur noch der Tony-Robbins-Pod-
cast oder Neuro-Linguistisches-Programmieren.

Bestehen und nicht selbst den Verstand verlieren

Viele Chefs, Kollegen und auch Geschäftspartner sind also
nicht einfach, »aber nun sind sie halt da«. Wer bestehen will,
lernt besser, mit diesen Nervensägen umzugehen, um nicht
selbst den Verstand zu verlieren. Dieses Buch hilft Ihnen dabei. Es ergänzt und vertieft meinen Ratgeber *Ich will doch*

nur meinen Job machen, der 2022 im Redline Verlag erschien. Während jener humorvoll beschreibt, warum man am Arbeitsplatz nicht immer gleich die Welt retten und mit allen befreundet sein muss, geht es hier um diejenigen, die das moderne Berufsleben oft zur Zumutung machen. Das mag zwar gar nicht die Absicht dieser Nervensägen sein. Aber selbst die besten Motive sind keine Entschuldigung, sondern nur Hinweise darauf, wo Sie für eine Lösung ansetzen können.

Sie können meine Methodik und Empfehlungen allerdings ebenso in Ihrem Privatleben anwenden. Denn es soll ja sogar Eltern, Partner, Kinder und Freunde geben, die manchmal nerven. Mehr noch: Wenn Sie den Eindruck haben, dass andere Sie gelegentlich als Nervensäge empfinden, finden Sie auch Tipps zur persönlichen Weiterentwicklung.

Denn es ist völlig normal, dass sich auch die eigenen Ziele ändern. Mit Mitte 20 glaubt man eventuell noch, Erfolg bedeutet: Ein schickes Büro mit Weitblick, gelegentliche Dienstreisen in der Business Class, Karibik-Urlaube und die gleiche Gold-Rolex, wie sie Eminem trägt. Mit Mitte 30 lernt man: Luxus ist, einfach mal 15 Minuten von allen in Ruhe gelassen zu werden! Keine E-Mail-Aufträge vom Chef. Kein heulendes Kind am Telefon, das getröstet werden will. Kein Partner, der einem nach Feierabend von den gleichen Problemen erzählt, wie man sie gerade selbst erlebt hat. Kein Stress mit der Heimtechnik, wie man ihn gerade im Büro hinter sich bringen musste: »Hast du den Drucker-Treiber nicht aktualisiert? Und wieso geht das WLAN nicht mehr? Das hatten wir doch gerade neu eingerichtet!« Man wird bescheiden, was manchmal nur ein nettes Wort für »zermürbt« ist.

Möglicherweise kennen Sie schon einige Persönlichkeits- und Verhaltenstypologien, von denen es unzählige gibt. Bekannt sind unter anderem die 16 Persönlichkeitstypen nach Myers-Briggs, inspiriert wiederum von der Typologie nach

Carl Gustav Jung, die neun Enneagramm-Typen oder die vier DISG-Profile, die jeder HR-Profi noch für den Notfall irgendwo als Excel-Tabelle hat. Manche ziehen bei entsprechendem Leidensdruck auch die zwölf Sternzeichen heran: »Nie wieder einen Fische-Chef! Emotional schwer bedürftig, depressiver Grundton. Einmal reicht!« – »Immer noch besser als eine Waage – entscheidungsschwach und manipulativ!«

In diesem Buch lernen Sie sieben Nervensägentypen kennen, vom kraftlosen Jammerer bis zum abgehobenen Welterklärer. Es baut auf den Arbeiten des amerikanischen Coaches und Autoren Bruce D. Schneider auf, bei dem ich seinerzeit meine eigene Ausbildung in Los Angeles und Chicago absolviert habe. Leider sind seine Bücher[1] bisher nicht auf Deutsch erschienen, empfehlen sich aber, wenn Ihr Englisch genügt, als Hintergrundlektüre. Sie sind jedoch keine Voraussetzung. Dieses Buch steht für sich und ist selbsterklärend.

Lassen Sie uns also gemeinsam die Nervensägen um uns herum näher kennen- und verstehen lernen, damit Sie sich besser abgrenzen und mit ihnen umgehen können und einige vielleicht sogar in Ihrem Sinne für sich einnehmen. Werden Sie Teil der ständig wachsenden LMAA-Community, die ohne ständige Nerverei ihre Arbeit erledigen und ansonsten in Ruhe ihr eigenes Leben führen will. Damit Sie selbst bei Verstand bleiben, auch wenn alle anderen durchdrehen!

Attila Albert

---

[1] Schneider, Bruce D.: *Energy Leadership: Transforming Your Workplace and Your Life;* Wiley Verlag, Hoboken, New Jersey, 2007; Neuauflage 2022 unter dem Titel: *Energy Leadership: The 7 Level Framework for Mastery In Life and Business*

WARUM NERVENSÄGEN SO NERVEN

Ständig soll man sich in sie hineindenken, alles verstehen, bestätigen und das eigene Leben nach ihnen ausrichten. Allein das Zuhören braucht so viel Zeit und Kraft! Warum Nervensägen so anstrengend sind und es sich lohnt, Grenzen zu setzen.

An guten Tagen kann man großzügig sein, es sich schönreden und in den schlimmsten Nervensägen noch liebenswerte Originale sehen, die nur »eigenwillig«, »besonders« und »individuell« sind. Man denkt nachsichtig: »Der meint es nicht so! Ist einfach ein Typ mit Ecken und Kanten.« An schlechten Tagen allerdings, wenn man selbst überfordert, zerfahren und müde ist, sind Nervensägen eine zusätzliche Belastung. Sie nerven einen mit ihrem endlosen Jammern, attackieren mit aggressiven Vorwürfen oder belästigen einen mit ihren halbgaren Ideen, wie die Welt bitte sein sollte. Während so viel zu erledigen wäre oder man sich gern einmal ausruhen würde, soll man sich stattdessen in sie hineindenken, alles verstehen, bestätigen und das eigene Leben nach ihnen ausrichten. Allein das Zuhören braucht so viel Zeit und Kraft!

Wer beispielsweise 100-mal von seinem unglücklichen Schreibtischnachbarn gehört hat, dass er es »hier einfach nicht mehr aushält« und deshalb »überlegt«, sich eine neue Stelle zu suchen, ohne je einen Schritt in diese Richtung zu machen, schreibt bald verzweifelt selbst Bewerbungen: »Hauptsache, endlich meine Ruhe!« Wer von einem Maßnahmengegner im Team hören muss, dass es »hier schon wie in der DDR oder Nordkorea« sei, wo man »gar nichts mehr sagen« dürfe, braucht ebenso Nerven, um sachlich zu entgegnen: »Eventuell wärst du da nicht mit deiner Demo im Fernsehen und mit eigenen YouTube-Kanal aktiv, sondern im Gefängnis.« Der blassen Kollegin, die stündlich den Weltuntergang wegen des Klimawandels erwartet, könnte man entgegen: »Ein Blick in die Geschichte zeigt: Die Welt hatte bisher immer länger Bestand als die Leute, die ihr Ende vorhergesagt haben.«

Aber wir mussten in den vergangenen Jahren alle mehr Geduld mit nervigen Mitmenschen lernen. So waren die wenigsten von uns darauf vorbereitet, dass so viele nach dem Besuch staatlicher Schulen und mit Berufs- oder sogar Universitätsabschluss davon überzeugt sind, dass die Erde eine Scheibe ist, Mann und Frau nur zwei von unendlich vielen Geschlechtern sind, Viren und Bakterien häufig Einbildung und Impfungen deshalb sinnlos. Auch geheimnisvolle Energiequellen, die gegen alle Regeln von Physik und Ökonomie das gesamte Land aus dem Nichts mit Strom versorgen könnten, sind wieder so populär wie seinerzeit das Perpetuum Mobile. Der Schulstoff der 5. Klasse gilt heute als gewagte These. Kein Wunder, dass inzwischen viele »die Schule des Lebens« als höchsten Abschluss eintragen und noch stolz darauf sind.

In der Frühzeit des Internets war bei vielen Nutzern noch die Angst weit verbreitet, private Nacktfotos könnten sich online verbreiten. Heute haben sich so viele öffentlich intellektuell nackig gemacht, dass eventuelle Fotos vielleicht noch ein Ausgleich wären, eine kleine faire Entschädigung.

Vieles hängt dabei von der persönlichen Interpretation ab. Ist beispielsweise jemand, der im schiefen Gender-Deutsch schreiben muss, ein Missionar, Opportunist oder

Pragmatiker? Vielleicht hat er auch nur eine herkömmliche Grammatik- und Verständnisschwäche und hält deswegen »Mitarbeiter« und »Mitarbeitende« für austauschbare Synonyme, obwohl Ersteres für eine regelmäßige, Zweiteres für eine eben stattfindende Mitarbeit steht. Manch einer glaubt auch, dass »Arzt« und »ärztliche Fachperson« sprachlich gleichwertig und Letzteres gerechter ist. Auf jeden Fall ist man in solchen Fällen dankenswerterweise vorgewarnt und weiß, dass man auch alle weiteren Informationen im Beitrag besonders aufmerksam und kritisch prüfen sollte.

Generell gehören selbsterklärte Weltverbesserer aktuell zu den größten Nervensägen und wie üblich hat sich inzwischen jedes Unternehmen drangehängt. Kürzlich las ich überrascht, bei Coca-Cola sei die »Diversity & Inclusion«-Philosophie tief verankert, »seit Jahrzehnten«.[2] Was mag damit gemeint sein – die Integration von Menschen mit solch einem abseitigen Geschmack, dass Kirsch-Vanille-Cola eine gute Idee zu sein schien? M&M hat seinen Schokolinsen einige mit lila Färbung beigemischt. Auch das stehe für »Akzeptanz und Inklusion«. Das ist Mut, der Respekt einflößt!

Dass endlich mehr Frauen in klassische Männerberufe gehen sollten, etwa Technikvorstand, Maschinenbau-Ingenieurin oder Programmiererin werden, hört man dabei weiterhin vor allem von Frauen, die das selbst auch nicht wollen. Lieber geben sie als Gleichstellungsbeauftragte, Diversity-Beraterin oder Gender-Professorin anderen dafür gute Ratschläge. Das ist keine vorgespielte Fürsorge oder gar Heuchelei, sondern gelebte Solidarität: Den Willigen soll keine Chance weggenommen werden! Daher auch selbst lieber einen gemütlichen Konzern- oder Unijob machen, als eine Firma gründen. Dann bleiben den anderen mehr Chancen für ihr IT-Start-up,

---

[2] https://www.facebook.com/20min/posts/die-diversity-inclusion-philosophie-ist-bei-coca-cola-tief-verankert-kommunikati/10158844880331957/

das sie dringend gründen sollten, damit das nicht immer den Männern überlassen bleibt, die damit – wie in allen Bereichen von Straßenbau bis Landesverteidigung – nur »Machtstrukturen verfestigen«. So ist es nur fair, wenn auf einer Veranstaltung namens »Employers for Equality« ausschließlich Frauen auf der Bühne sitzen und sich gegenseitig für ihre »Frauennetzwerke« loben. So sind sexistische Seilschaften absolut okay – inklusiv durch Ausschluss!

Vieles kann man dabei mit Humor sehen. Bei einem Freund, der bei einer Bank arbeitet, fiel mir sein Armbändchen auf. »Das ist ein ›Together-Band‹«, sagte er nach einem Blick darauf und lächelte hintergründig. »Aus Plastikmüll gefertigt, der Verschluss aus eingeschmolzenen Waffen.« Tatsächlich, wie ich auf der Webseite später sah: Das Band gab es in 17 Farben, die für unterschiedliche Ziele standen, von Klimaschutz bis Gleichstellung der Geschlechter. Zwei Bändchen für 40 Euro, in Nepal produziert und eingeflogen. Wir verstanden uns mit einem Blick: Das könnte exakt genauso auch von einem Kunststoff- und Waffenhersteller stammen, wenn man die Marketing- und Pressetexte nur geringfügig anpassen würde.

Klar ist, dass man es nie allen Nervensägen gleichzeitig recht machen kann. Auf viele ist man ja auch angewiesen oder muss sich seinen Zugang erst erarbeiten. Wie soll man beispielsweise reagieren, wenn einen Arbeitgeber in ihren Stellenanzeigen plötzlich duzen? Oder wenn komplett unbekannte Personal- und Bereichsleiter einen ebenso mit »du« ansprechen, als wäre man erst zehn Jahre alt und wüsste deshalb noch nicht, dass fremde Erwachsene eine eigene Anrede haben? Was antworten, wenn eine Ausschreibung einen wechselnden Schichtdienst zwischen 5.30 und 23.15 Uhr, Montag bis Sonntag, als »gut planbares Leben« deklariert? Sich dumm stellen und für die »abwechslungsreiche Tätigkeit in einem dynamischen Umfeld« bedanken?

Es beginnt damit, zu verstehen, warum Nervensägen eigentlich – über den konkreten Einzelfall hinaus – so anstrengend sind. Sobald Ihnen das klar ist, wissen Sie, warum es ein Gebot des Selbstschutzes ist, ihnen zukünftig stärker Grenzen zu setzen. Danach geht es an Ihre eigenen Ziele.

Eigene Werte und Überzeugungen besser verstehen

Welche Nervensägen Sie besonders stören, verrät Ihnen immer auch etwas über Ihre eigenen Werte und Überzeugungen. Oft beginnend mit der Einsicht, dass Sie extreme Ansichten aller Art ablehnen und sich gegen übergriffige Missionierung aus allen Richtungen verwahren möchten. Der »gesunde Menschenverstand« ist zwar ein wenig aus der Mode gekommen, seit es weniger davon gibt. Aber laut dem deutschen Philosophen Immanuel Kant (1724–1804) ist er »der durchschnittliche Verstand eines gesunden Menschen« und damit durchaus weiter eine bewährte Form der natürlichen Urteilskraft.

Nervfaktor 1: Immer geht es nur um sie

Manchmal lässt man sich kurzzeitig täuschen. Spricht Ihr Kollege etwa auf einmal betont von »Kyiv« statt »Kiew« und verfasst kämpferische LinkedIn-Posts, denken Sie zuerst: »Nanu? Er war doch nie in der Ukraine, weiß nichts von der Geschichte, versteht weder die Sprache noch die Lage und hat sich niemals je dafür interessiert. Aber ihm geht das Ganze wohl wirklich nahe. Vielleicht ist er auch froh, einmal für

Aufrüstung und Nationalismus sein zu dürfen, wenn er sonst immer dagegen sein musste.« Wenn Sie so denken, liegen Sie ganz falsch, interpretieren viel zu viel hinein.

Nervensägen sind Egoisten. Es geht ihnen immer zuerst um ihre Bedürfnisse und Ansichten, auch wenn sie das unterschiedlich offen zeigen. Manchmal erkennen Sie das sofort, weil Ihr Gegenüber ständig von sich redet. Das sind die Nervensägentypen 1–3 in den folgenden Kapiteln. Andere schieben Menschen, Initiativen und Ideen vor, die ihnen angeblich wichtig sind. Das sind die Nervensägentypen 4–7. Bei ihnen verhält es sich ebenso, nur weniger leicht erkennbar: Sie machen alles zu Ihrer Angelegenheit, damit es um sie geht.

Grundsätzlich ist das menschlich. Niemand sollte deswegen generell verurteilt werden. Aber Ihnen hilft dieses Verständnis, weniger überrascht und wehrlos zu sein, wenn eine Nervensäge mal wieder an Ihr Mitleid, Ihren Gerechtigkeitssinn oder an Ihre Hilfsbereitschaft appelliert. Das ist ihre Masche, sich selbst in den Vordergrund zu rücken und Sie dafür einzuspannen. Das heißt nicht, dass Sie alles ablehnen müssen, sondern es erlaubt Ihnen, je nach Sachverhalt, nach Ihren eigenen Wünschen und Möglichkeiten zu entscheiden.

Nervfaktor 2: Das kostet so viel Zeit und Kraft

Eventuell mussten Sie sich noch vor zwei Jahren dafür rechtfertigen, dass Sie in den Urlaub fliegen, oder Gott bewahre, sogar schon eine Kreuzfahrt gebucht und dabei Spaß gehabt haben. Vielleicht haben Sie Diskussionen darüber geführt, dass Sie sich – anders als Greta – leider nicht von einem Prinzen zwei Wochen auf eine Segelyacht einladen lassen können, weil Ihre Reisen etwas straffer ablaufen müssen. Heute erzählen Ihnen die gleichen Leute, wie großartig es ist, dass gekühltes Flüssiggas per Tankschiff aus den USA zu uns kommt. Fragen Sie da nur ja nicht nach, ob Sie deswegen nun unkritisiert in der Offizierskajüte mitreisen dürften!

Die Beschäftigung mit Nervensägen ist zeitaufwendig und kräftezehrend, ohne dass Sie viel davon hätten. Nur, wenn Sie einmal Ihren Facebook-Feed zurückscrollen, erinnern Sie sich wieder: »Layla, Winnetou, herrje – darüber haben wir damals gestritten.« Vielleicht fallen Ihnen dann sogar noch ein, zwei Kontakte ein, die Sie seinerzeit stummschalten oder ganz löschen mussten, damit nur endlich Ruhe ist. Was hätten Sie in der Zeit nicht alles für Ihr Berufs- und Privatleben machen können? Vielleicht wäre sogar ein Pilotenschein oder ein Bootsführerschein drin gewesen!

Wer mit einer Nervensäge – egal, welchen Typs – zu tun hat, sollte deshalb immer genau abwägen: Lohnt sich die Auseinandersetzung, was kostet sie mich und was verpasse ich deswegen? In diesem Buch sprechen wir über verschiedene Taktiken, um anstrengende Mitmenschen auf Abstand zu halten, ihren Einfluss zu neutralisieren oder sie sogar für sich zu gewinnen. Sie zeigen sich damit nicht nur vorbildlich als versöhnlicher Friedensengel, sondern sparen effektiv Zeit und Nerven, die Sie woanders besser einsetzen können.

Nervfaktor 3: Dabei wird nichts erledigt

Allgemein lässt sich beobachten, dass Nervensägen wenig erledigt bekommen. Wer erst eine 700 Wörter lange Anweisung schreiben und auf seine Webseite stellen muss, wie er angesprochen werden möchte, kann unmöglich noch Karriere machen oder gar ein Unternehmen gründen: »Mein Pronomen ist ›em‹ oder kein Pronomen. Bitte nutzen Sie für Substantive, Artikel und Adjektive die Schreibweise mit _ oder *, damit wir respektvoll vergeschlechtlicht sprechen. Mein Vorname wird bitte mit einem darauf folgenden Unterstrich geschrieben und dadurch ›entbinarisiert‹.«

Selbstverständlich darf jeder seine eigenen Schwerpunkte
setzen. Eine Nervensäge hat für sich selbst allerdings, wie kurz
erwähnt, immer die höchste Priorität. Das wird zum Problem, wenn Sie mit ihr zusammen etwas erledigen müssen,
weil Sie etwa Kollegen sind. Statt Ihre Zuarbeit zu erhalten,
hören Sie einen langatmigen, öden Vortrag über persönliche
Befindlichkeiten: »Bitte sprich mich mit einem ›nicht-binären Neopronomen‹ an, aber nicht mit ›x‹ oder ›ecs‹. Sag am
besten ›em‹ zu mir. Das ist mir momentan am liebsten.« Bis
dahin haben Sie die Arbeit längst allein erledigt.

Zwar geht es im Leben niemals allein um Effizienz. In jeder beruflichen und privaten Beziehung muss man sich auch
dem anderen anpassen und etwas hinnehmen. Aber immer
zählt am Ende, ob sie insgesamt funktioniert, ob anstehende
Herausforderungen angegangen und damit verbundene Aufgaben erledigt werden. Bei Nervensägen sieht die Bilanz nicht
besonders gut aus. Für Sie heißt das, fallweise zu entscheiden, wie weit Sie sich arrangieren können und wo das kontraproduktiv oder sogar gefährlich wäre. Dann hilft nur noch,
schnell weiterzuziehen.

Nervfaktor 4: Irgendwann ist's auch langweilig

Dem Reiz des Neuen, Spektakulären erliegen wir alle. Eben
feierten Marketingabteilungen, Redaktionen und Aktivisten
noch dicke Prominente – Adele, Lizzo, Rebel Wilson – als
neue Vorbilder und befreienden Tabubruch, hinter dem gesundheitliche Bedenken zurückzustehen hatten. Leider verrieten mehrere dieser bejubelten Curvy-Stars seitdem die

»Body-Positivity-Bewegung« und nahmen ab, was sich schon zwischen Selbstermächtigung und Verrat bewegte. Immerhin konnte man aus der Kritik noch eine Variante von »Body Shaming« konstruieren, nun gegen Dünne.

Aber langfristig ist es natürlich unglaubwürdig, wenn etwas gleichzeitig begehrenswert und kritikwürdig, zugleich ganz besonders und völlig normal sein soll. So wendet sich das Publikum irgendwann gelangweilt und ermüdet ab, was für Nervensägen die Höchststrafe darstellt. Zumal die Maßstäbe hingebogen werden, wie es gerade passt. So gelten dicke Männer weiterhin nie als »wunderschön« und »mutig«, sondern als verfressen, bewegungsfaul und rücksichtslos ihren Frauen gegenüber, die ihrerseits in jeder Konstitution begehrenswert sein sollen.

Sie muss dieser Zirkus nicht interessieren, wenn Sie das Spiel der Nervensägen gar nicht erst mitmachen: Aufmerksamkeit auf sich zu ziehen und alles zu tun, damit das so bleibt. Über ihre Tricks (Ihnen Schuldgefühle einzureden) sprechen wir noch. Je besser Sie wissen, was Ihnen gefällt und wichtig ist, desto weniger verfangen bei Ihnen Manipulationen durch andere. Dazu zählt auch, ob Sie dicke, dünne oder durchschnittliche Menschen attraktiver finden oder das für Sie eigentlich generell wenig bedeutsam ist.

Nervfaktor 5: Sie erpressen einen emotional

Nur selten haben Nervensägen wirkliche Macht über Sie. Selbst ein Vorgesetzter kann nur begrenzt drohen, wenn Sie von sich aus für einen Wechsel bereit und darauf vorbereitet sind. Sie müssten theoretisch noch nicht einmal die Kündigungsfrist einhalten, sondern könnten kühl mitteilen: »Sucht euch Ersatz! Ab morgen bin ich nicht mehr da.« Was will er machen, Sie morgens von daheim abholen lassen? Im schlimmsten Fall müssten Sie Ihr Gehalt für die vertraglich verbleibende Zeit zurückzahlen, in der Sie nicht mehr kommen. Ein kleiner Preis für endlich Freiheit!

Die Macht der Nervensägen ist vor allem emotional. Sie machen sich Ihren guten Willen und Ihre Verantwortungsbereitschaft, Ihre Ängste, Sorgen und Hoffnungen zunutze. Die ganze Klaviatur der Gefühle, wobei jeder Nervensägentyp seine Spezialisierung hat: Klagen, die Sie zum Helfen verleiten; Drohungen, die Sie gefügig machen; Einladungen, sich an einem Projekt zu beteiligen, das Sie zunächst einmal anspricht. Anfangs sind Sie mehr oder weniger überzeugt dabei, fühlen sich bald gedrängt und manipuliert. Am Ende heißt es, Sie hätten es »doch so gewollt«!

Davon befreien Sie sich, wenn Sie erkennen, wo Sie bisher besonders angreifbar waren und Schwachpunkte haben, die Nervensägen ausnutzen. Je nach Fall kann das etwa eine übergroße Abhängigkeit von Ihrem aktuellen Arbeitgeber sein. Sie reduzieren sie, indem Sie sich durch verstärkte Bewerbungen, regelmäßiges Netzwerken oder eine nebenberufliche Selbstständigkeit mehr Optionen schaffen. Auch der häufige Wunsch, unbedingt von anderen gemocht und akzeptiert zu werden, kann anderweitig adressiert werden.

Nervfaktor 6: Gleichzeitig sind sie überempfindlich

Erinnern Sie sich noch, als die Vegetarier, Frutarier und Veganer mit ihrem Bekenntnis- und Missionierungsdrang (deutet auf Nervensägentyp 6 in unserer Typologie hin) genervt haben? In die teuren Bio- und Hofläden gehen seit der hohen Inflation noch weniger als früher. Aber mancher würgt weiter seine veganen Burger hinunter, nun von »Food For Future«

von Penny, und redet sich ein, dass diese Meisterwerke der Lebensmitteltechnologie – gefärbtes Erbsenpüree, Rapsöl, hydrolysierte Stärke und Cellulose – sogar irgendwie natürlicher und gesünder wären.

Hier fällt ein weiteres Kennzeichen von Nervensägen auf: Sie teilen zwar gern aus, sind aber selbst überempfindlich. Mancher Veganer besteht darauf, dass kein Fleisch je sein Geschirr berührt haben darf, sei es auch noch so sauber. So kennt man es sonst nur von orthodoxen Juden und den Reliquien der katholischen Kirche, bei denen sich geheimnisvolle Kräfte schon durch Berühren übertragen. Aber auch gegen kritische Worte sind Nervensägen allergisch. Wer wenig »Persönlichkeit« hat, klammert sich eben an eine »Identität«.

Gewisse Rücksichten auf die Befindlichkeiten anderer werden Sie immer nehmen. Man will sich ja nicht ständig streiten, auch niemanden unnötig verletzen. Aber manchmal sind klare Worte und Grenzen nötig, auch wenn Sie jemandem damit einmal wehtun (was ihm aber langfristig oft hilft). »Entscheidend ist nicht, was der andere sagt, sondern wie ich darauf reagiere«, sagen kalifornische und indische Gurus gern. Klugerweise sind diese aber meist selbstständige Einzelunternehmer, haben also mit vielem gar nichts mehr zu tun.

Nervfaktor 7: Ständig nerven sie anders

Leider können Nervensägen nie zufrieden sein, weil sie dann ja keinen Grund mehr hätten, für sich den Mittelpunkt einzufordern. Bei uns untersagte die Stadtverwaltung das Public Viewing der Fußball-WM 2022. Man wollte damit gegen das Gastgeberland protestieren. Sofort beschwerten sich auch diejenigen, die das eigentlich gut fanden. Ein Leser klagte unserer Lokalzeitung: »Ich fühle mich einmal mehr bevormundet.

Sehr gerne hätte ich dem Veranstalter durch meine Abwesenheit im Zelt gezeigt, was ich von der WM in Katar halte.« Er wurde grausam seines Traumes beraubt, sich öffentlich hochmoralisch in Szene setzen zu können!

Nervensägen reagieren geradezu enttäuscht, wenn man ihnen Recht gibt und sich nicht weiter um sie kümmert. Sofort suchen sie sich den nächsten Anlass, um andere zu nerven. Denn getrieben werden sie von einer Unzufriedenheit, die tiefer als die aktuelle Sache liegt, die ihnen angeblich so wichtig ist. Sie treibt eine persönliche Bedürftigkeit, die sich in ihrer ständigen Nerverei ausdrückt. Sie sind nicht etwa unglücklich, weil etwas nicht in ihrem Sinne ist. Sondern: Ständig ist etwas nicht in ihrem Sinne, weil sie unglücklich sind.

Das ist Ihre Chance, Ihre Kommunikation effektiver zu gestalten. Möglicherweise haben Sie bisher »sachorientiert« diskutiert, sind einer Nervensäge also mit Fakten und Ihrer Meinung dazu gekommen. Nun wissen Sie, dass es ihr nie komplett um die Sache geht, sondern in der Tiefe um sich selbst. Es hat keinen Sinn, sich darüber zu beschweren. Stattdessen können Sie, haben Sie die wahren Bedürfnisse der Nervensäge erst einmal verstanden, ihr ein wenig dabei helfen – und sie so zum Verbündeten oder gar Freund machen.

Besser verstehen lernen

In den folgenden Kapiteln lernen Sie sieben Nervensägentypen kennen und verstehen, die auf unterschiedliche Art anstrengend sind. Manche deprimieren durch ihr Jammern. Andere erschöpfen durch ihre Streitsucht oder regen einen wegen ihrer Antriebslosigkeit auf. Ihnen sind alle diese Typen schon am Arbeitsplatz und im Privatleben begegnet. »Kenne ich«, werden Sie regelmäßig denken. »Kann mir gestohlen bleiben!« Vergleichen Sie hier aber einmal Typ für Typ.

Sie sind aufsteigend nach ihrer »Energie« geordnet, genauer: nach ihrer Selbstwirksamkeit, also ihrer Fähigkeit, Herausforderungen selbst zu bewältigen. Vom »kraftlosen Jammerer« (Typ 1), der als klassischer Energievampir alle anderen erschöpft, bis zum »abgehobenen Welterklärer« (Typ 7), der zwar inspiriert, aber auf andere Weise nervt. Je höher die Zahl, desto erträglicher ist diese Nervensäge als Chef, Kollege oder Geschäftspartner, denn desto stärker kann sie ihr eigenes Verhalten selbst reflektieren und auf Wunsch verändern.

Entscheiden Sie bei den Menschen in Ihrem Umfeld, welchem Typ sie den Beschreibungen nach am nächsten kommen. Sie erfahren danach im jeweiligen Kapitel, was sie wirklich antreibt, welche Strategien bei ihnen funktionieren und wie sie sogar zu Freunden werden können. Denn bei allem Humor geht es am Ende darum, mit möglichst vielen vernünftig auszukommen, weil man ja doch nicht ständig den Job wechseln kann und selbst auch nicht perfekt ist.

Auf lange Sicht werden Sie feststellen, dass nur sehr wenige Menschen böswillig nerven. Häufiger hat Ihnen nur niemals jemand offen gesagt, dass sie Nervensägen sind. Oder sie nie auf eine Weise kritisiert, die sie nachdenken ließ und die sie annehmen würden. Denn, so paradox es klingt: Dafür müssen Sie zuerst den Eindruck vermitteln, dass Sie Ihr Gegenüber grundsätzlich respektieren und akzeptieren, wie es ist.

Frühestens dann – wenn jemand sich sicher ist, dass er sich Ihnen gegenüber nicht verteidigen muss – kann behutsame, dosierte Kritik etwas bewirken. Wenn Ihr Gesprächspartner davon ausgehen kann, dass Sie auf seiner Seite sind, ihn verstehen und ehrlich sein Bestes wollen. Dann wird Kritik gar nicht mehr als solche empfunden und sofort abgewehrt.

Sondern als wertvoller Rat im eigenen Interesse bedacht, der dabei helfen kann, besser und erfolgreicher zu werden. Dann sind Sie kein Kritiker mehr, sondern Mentor und Freund.

»Im Umgang mit Menschen dürfen wir nie vergessen, dass wir es nicht mit logischen Wesen zu tun haben, sondern mit Wesen voller Gefühle, Vorurteile, Stolz und Eitelkeit«, schrieb der amerikanische Kommunikations- und Motivationstrainer Dale Carnegie in seinem Klassiker *Wie man Freunde gewinnt* von 1936. »Jeder Narr kann kritisieren, verurteilen, reklamieren, und die meisten Narren tun es auch. Aber um zu verstehen und zu verzeihen, dazu braucht es Charakter und Selbstbeherrschung.« Das soll uns natürlich ein Ziel sein.

Sprechen Sie immer zuerst das emotionale Bedürfnis der Nervensäge an

Versuchen Sie gar nicht erst, eine Nervensäge sachlich zu überzeugen. Etwa einen jammernden Kollegen darauf hinzuweisen, dass er sich doch einfach eine bessere Stelle suchen könnte. Oder einem moralisch abgehobenen Arbeitgeber auf Weltrettertrip damit zu kommen, dass er zuerst die Missstände im eigenen Betrieb angehen könnte. Mehr als beleidigte Verhärtung und ergebnislose Streitgespräche würden Sie damit nicht erreichen. Weiter kommen Sie, wenn Sie immer zuerst das emotionale Bedürfnis der Nervensäge verstehen und ansprechen. Zum Beispiel: einem drängenden Wunsch nach Bestätigung. Danach ist sie möglicherweise bereit, sich auch für sachliche Argumente zu öffnen. Vorher vergeuden Sie nur Ihre Zeit.

NERVENSÄGENTYP 1: EWIGE OPFER – AUCH WENN SIE GAR NICHT VIEL ZU JAMMERN HABEN

Ständige Klagen, nie wirklich etwas verändern: Diese Nervensäge nervt mit ihrer ausgestellten Hilflosigkeit, obwohl sie Möglichkeiten hätte, sich zu verbessern. Aber dazu fehlen ihr Eigenverantwortung und Konsequenz.

Seit den Gerechtigkeitsdebatten der vergangenen Jahre wissen wir, dass die größten Missstände in den oberen Büroetagen herrschen. Wer es mit 45 noch immer nicht in den Vorstand geschafft hat, ist eindeutig ein Opfer des Systems und benötigt deshalb die Hilfe des Gesetzgebers. Endlich kam auch zur Sprache, wie unzumutbar es ist, täglich zur Arbeit zu gehen und daneben noch ein bis zwei Kinder zu haben – ebenso allerdings, mit beidem im Homeoffice umgehen zu müssen. Geradezu unbedeutend erschienen da beispielsweise die Sorgen der Arbeiter und Handwerker, die sich in Lockdown-Zeiten nicht einmal mehr mittags beim Bäcker oder Imbiss aufwärmen oder zur Toilette durften. Da sie sowieso keine Karriere machen wollen und auch nie Kinder haben, ist für sie weder eine Genderquote noch generell viel öffentliches Mitleid nötig. Das gilt ebenso für Einzel- und Kleinunternehmer, die sich schließlich willentlich selbst dem Risiko ausgesetzt haben und sogar für die SPD schon zu den Reichen zählen. Ganz anders dagegen ist die Lage in den Konzernabteilungen und im öffentlichen Dienst, wo es nie genug Ressourcen geben kann, um mehr Gerechtigkeit durch zusätzliche Verordnungen und Umverteilungen herzustellen. Wo kämen wir denn hin, wenn jeder zuerst für sich selbst verantwortlich wäre? Es würde noch kälter und unfairer im Land, als es trotz der höchsten Bürokratie- und Steuerquote der Welt schon ist. Immerhin wurde die Emanzipation drei Jahrzehnte zurückgeworfen, seit man ohne staatlichen Beistand sich mit seinem Partner einigen musste, und die Schulbildung ist ebenso uneinholbar. Da sind wir eigentlich alle Opfer.

Deprimiert mit seinem ewigen Jammern

Jeder von uns hatte schon mit Menschen zu tun, die ständig gejammert, aber nur wenig getan haben, um ihre Lage zu verbessern, die doch angeblich »nicht mehr auszuhalten« war. Anfangs hat man in solchen Fällen noch Mitleid. Sieht, dass es dem anderen wirklich nicht gut geht, weiß selbst, dass es nicht einfach ist, seine Umstände zu verbessern. Gibt deshalb gute Tipps und hilft, übernimmt etwa einige ihrer Aufgaben oder steckt ihnen Geld zu. Aber irgendwann packt einen die Wut, denn trotz aller eigenen Bemühungen bessert sich nie wirklich etwas. So ist das bei Nervensägentyp 1: dem ewigen Opfer. Es deprimiert andere mit seinen unaufhörlichen Klagen, wirkt aber selbst fest entschlossen, weiter so leben zu wollen. Für seine Mitmenschen scheint es nur zwei Alternativen zu geben: sich an ihm aufzureiben oder es aufzugeben, um sich zu retten. Beides ist belastend und führt manchmal dazu, dass man den Kontakt am liebsten ganz vermeiden will.

Kurzprofil ewiges Opfer (Typ 1): Hält sich für hilfloser, als es in Wirklichkeit ist

Diese Nervensäge ist zwar äußerlich sehr beschäftigt, aber eigentlich passiv. Sie reagiert vor allem auf die Forderungen und Wünsche anderer, beklagt sich ständig über ihre Lage, tut aber nur wenig dagegen (»kann ja sowieso nichts ändern«), sondern wartet, dass sie sich von selbst verbessert. Das ist typisch für Menschen, die seit Langem sehr erschöpft sind und gar nicht mehr daran glauben, dass sie überhaupt etwas verändern können. Ihre Erklärungen klingen oft ratlos und resigniert, sie handeln ziellos und chaotisch. Darunter leiden vor allem sie selbst, denn sie sind damit erfolgloser und erdulden mehr, als nötig wäre. Aber auch für die Menschen in ihrem Umfeld sind sie so auf Dauer eine ziemliche Belastung.

Positiv gesehen: steht sich oft selbst im Wege

Negativ gesehen: unerträglicher Jammerer

Nervfaktor: ständiges Jammern über eine Situation, die aus Sicht anderer mehrheitlich selbst verschuldet und mit etwas Engagement gut zu lösen wäre

Beste Gegenstrategie: daran erinnern, dass es ewig so weitergehen wird, wenn sie die Verantwortung für sich nicht wahrnehmen. Erst helfen, wenn sie aktiv werden.

Diese Nervensäge nervt durch ihr ständig wiederholtes, aber gleichzeitig folgenloses Klagen über alle anderen und die generellen Umstände, etwa die »Gesellschaft« oder das »System«. Einige Zeit hören sich das andere verständnisvoll und mitfühlend an, wollen auch helfen, denken aber bald: »Da geht es anderen aber viel schlechter. Du müsstest dich halt etwas bewegen und bei Bedarf endlich ein paar überfällige Entscheidungen treffen.« Doch das ewige Opfer will lieber immer noch einmal erklären, warum das alles keinesfalls geht und wieso andere daran schuld sind: die Eltern, Chefs und Kollegen, der Arbeitgeber generell oder gleich die Allgemeinheit. Hat man die Verantwortung für das eigene Leben erst einmal ausgelagert und alle anderen für zuständig erklärt, bleibt wirklich nur noch festzustellen: »Was soll ich da machen? Das ist doch alles sinnlos.« So schleicht sich zunehmend ein depressiver Grundton ein, häufig fast eine Weltuntergangsstimmung, als wäre nun wirklich alles schlecht.

Bald selbst überlastet

An dieser Stelle denke ich an meinen Coaching-Klienten Ralph. Ihn nervte eine ehemalige Kollegin. Immer, wenn er ihr einen kurzen Gruß per WhatsApp schrieb, wusste er bereits, wie ihre Antwort ausfallen würde, nämlich als Klage, wie furchtbar auch ihr neuer Job wieder sei. »Ich bin völlig fertig. Nicht auszuhalten, was die mit uns mache«, würde sie ihm sinngemäß jedes Mal antworten. »Zu wenige Leute, völlig unfähiger Chef – und ich soll alles auffangen. Ich bin kurz davor zu kündigen.« So ging das, seit sie sich kannten. Fragte er einige Monate später nach, wie die Lage inzwischen sei, bekam er als Antwort: »Ich bin Tag und Nacht im Büro. Lange geht das so nicht mehr weiter.« Das ist hier ein Alptraum!

Am Anfang hatte er noch mitfühlend nachgefragt, getröstet und Ratschläge gegeben. »Doch was ich auch vorschlug, war ›unmöglich‹. Oder sie hatte zwar auch schon daran gedacht, wollte aber trotzdem ›noch abwarten‹.« Seit sie vor fünf Jahren im selben Unternehmen gearbeitet und sich dort kennengelernt hatten, war sie inzwischen beim dritten Arbeitgeber. »Überall beschwert sie sich über das Gleiche. Das kann kein Zufall sein.« Obwohl er sie mochte, überlegte er, den Kontakt ganz zu beenden: »Sie zieht mich mit runter.« Doch das kam ihm selbst fast egoistisch vor.

Seinerzeit hatte sie ihm erzählt, dass sie bei ihrem vorherigen Arbeitgeber gekündigt hatte, weil er zu wenig bezahlt, keine Perspektiven geboten und sie nur ausgenutzt habe. Bald wurde er da skeptisch: »Sie hatte nicht schwierigere oder mehr Aufgaben als jeder von uns, zog aber ständig andere Kollegen mit in ihre Projekte, weil ihre angeblich besonders wichtig und dringend waren. Sie klagte so lange über ihre Schwierigkeiten, bis jemand schließlich entnervt seine Hilfe anbot, obwohl er selbst genug zu tun hatte. Manchmal blieb sie noch bis spät abends im Büro, arbeitete aber eigentlich nur sehr chaotisch und umständlich.«

Ihm fiel es schwer, sich davon abzugrenzen: »Wenn mich jemand um Rat oder Hilfe fragt, will ich helfen.« Immer wieder hatten sein Mitgefühl und seine Hilfsbereitschaft dazu geführt, dass er sich zuerst um ihre Aufgaben gekümmert hatte, während seine liegen geblieben waren. »Dann musste ich um eine Terminverschiebung bitten und noch Überstunden machen.« Insgeheim war er bald davon überzeugt, dass die Stelle sie überforderte. Das allerdings wagte er ihr nicht zu sagen und bestätigte lieber: »Das ist wirklich Wahnsinn«, »eigentlich nicht zu schaffen«. Allerdings merkte er, dass er ihr damit ähnlicher wurde: »Bald habe ich mich auch ständig beschwert, über unsere Chefs, Kollegen und die Firma geklagt. Wenn man es darauf anlegt, findet man überall etwas.« Schließlich kündigte sie noch in der Probezeit, weil sie angeblich einen geeigneteren Arbeitgeber gefunden hatte. Sie blieben in lockerem Kontakt, doch schon bald erreichten ihn wohlbekannte Nachrichten: »Du kannst dir nicht vorstellen, was hier wieder los ist! Ich brauche einen neuen Job.«

Selbst der CEO hat viel zu klagen

Gejammert wird heute überall, müssen wir feststellen. Wenn ein CEO Mitarbeiter entlassen muss, kann er seine unangenehme Aufgabe nicht mehr würdevoll hinter sich bringen, sondern muss vorher einen weinerlichen Beitrag auf LinkedIn loswerden: »Das ist definitiv der persönlichste und verletzlichste Post, den ich je gemacht habe. Ihn zu veröffentlichen, macht mir Angst.« Sicher sollen die Kollegen, die ihre Stelle verlieren, ihn mit mitfühlenden Kommentaren trösten, dass er das alles trotz seines Millionengehalts auf sich nimmt und trotzdem noch er selbst bleibt. Denn Geld macht ja nicht glücklich, wie alle wissen, die genug davon haben. Dafür fehlt der Belegschaft oft die Sensibilität.

In den anderen Etagen ist das ebenso. Als wegen der Coronakrise überall das Homeoffice eingeführt wurde, jammerten zuerst diejenigen, die vorher darüber geklagt hatten, wie überholt die Präsenzpflicht sei: »Das Team fällt auseinander, der Austausch bleibt auf der Strecke!« Manche fotografierten anklagend für Facebook, wie sie ihre Rechner in Bus und Bahn heimtransportierten. Danach folgte das Jammern über das einsame Arbeiten daheim, dass Partner und Kinder nervten, ebenso wie die Zoom-Verbindungen und die vielen Konferenzen. Bis es zurück ins Büro ging. Da wurde neu gejammert: »Die Firmen haben nichts dazugelernt!«

Dabei hat, wer am lautesten klagt, nicht zwingend die größten Probleme, wie man weiß. Aus der progressiven Bekenntnisliteratur und von Twitter erfahren wir, dass großstädtische Akademiker mit Universitäts-, Konzern- oder Beraterjobs zu den größten Opfern unseres Systems gehören. Man muss die Vorteile des Kapitalismus kennengelernt haben, um zu wissen, was er einem alles vorenthält. Erst im klimatisierten Großraumbüro wird einem etwa die Ungeheuerlichkeit bewusst, noch immer nicht vom Staat – also von anderen – für die Hausarbeit und Erziehung der eigenen Kinder bezahlt zu werden. Plant man dann einen Blogbeitrag über diesen enormen Missstand, fehlt auch dafür die notwendige Zeit.

Man wird also in unsichtbaren Ketten gehalten, selbst wenn man damit in eine sanierte Altbauwohnung mit Parkblick fahren und zweimal jährlich in die Ferien fliegen kann. Selbst auf Bali ist man irgendwie unfrei, wenn auf dem iPhone plötzlich eine E-Mail vom Chef einläuft. Dann muss man noch erfahren, dass andere von eben diesem Leben träumen. Ja, die Generation unserer Eltern hatte häufig noch die 6-Tage-Woche mit 48 Arbeitsstunden und eventuell noch nicht einmal eine Waschmaschine. Aber da sie es gar nicht anders kannte, kann sie unmöglich darunter gelitten haben. Kein Wunder also, dass heute jeder ausgebrannt ist.

Gefühlt keine Chance, die eigene Lage zu verbessern

Selbst glaubt das ewige Opfer, kaum eine Chance zu haben, anderen und den Umständen machtlos ausgeliefert zu sein. Bestimmte unbestreitbare, allerdings auch sehr selektiv wahrgenommene Fakten bestätigen ihm das. So waren beispielsweise wirklich viele seiner Bewerbungen erfolglos, oder andere in seinem Umfeld haben ähnliche Schwierigkeiten. So beschränkt es sich aufs Klagen, weil ihm Zuspruch und Mitleid wenigstens etwas Kraft geben. Selbst einfache Aufgaben erschöpfen es und bleiben deshalb oft unerledigt, obwohl sie ein Ausweg wären, etwa mehr Bewerbungen zu schreiben oder sein Netzwerk auszubauen. Andere haben deswegen den Eindruck, dass es vor allem mit Ausreden und Selbstmitleid beschäftigt ist, dafür viele Chancen übersieht oder zu schnell ausschlägt und sich lieber bemitleiden lässt.

Ratschläge helfen wenig

Es bringt wenig, das ewige Opfer aufmuntern und ihm durch praktische Ratschläge helfen zu wollen. Es wird immer mit durchaus logisch klingenden Gründen antworten, warum diese Ratschläge grundsätzlich richtig sind, aber leider überhaupt nicht umsetzbar. »Wenn das nur so einfach wäre.« »Habe ich schon versucht.« »Hat bei anderen auch nicht geklappt.« Antworten Sie darauf mit detaillierten Erklärungen und ein wenig Nachdruck, wird es immer kleinlauter reagieren und Ihnen bald das Gefühl geben, dass Sie es wohl jetzt — neben allen anderen — auch noch attackieren, wo es doch sowieso schon am Boden liege. Bald haben Sie ein schlechtes Gewissen, trösten und entschuldigen sich noch für Ihren Versuch zu helfen. Gleichzeitig wird das alles auf einmal unausgesprochen Ihr Projekt, und Ihr Gegenüber fordert — froh, die Verantwortung für sich los zu sein — bessere Ideen von Ihnen ein! Da dürfen nun Sie sich bitte etwas mehr anstrengen.

Sie kommen mit diesem Nervensägentyp klar, wenn Sie für sich anerkennen, dass er seine Lage aktuell weder ändern kann noch will. Dafür fehlen ihm Klarheit, Entschlossenheit und Ausdauer. Mehr als ein wenig Anerkennung und Trost erwartet er gar nicht. Geben Sie ihm also höchstens das. Sie ersparen sich damit viel Frust und dem anderen das Gefühl, jetzt auch noch Sie zu enttäuschen. Hören Sie einfach gelegentlich zu, so weit es Ihnen nicht zu viel wird. Fassen Sie das Gehörte kurz zusammen und bestätigen Sie es. Zum Beispiel: »Wie es klingt, ist bei euch ständig zu viel zu tun. Das muss ganz schön hart sein!« Das ist keine inhaltliche Zustimmung, sondern zeigt nur, dass Sie zugehört und verstanden haben. Warten Sie ansonsten ab und lassen Sie den anderen auch ein wenig leiden. Er braucht diesen Frust (»Leidensdruck«), um sich endlich einmal aufzuraffen. Das heißt nicht, dass Sie ihn aufgeben sollen – nur abwarten, bis er bereit ist. Sie erkennen es daran, dass er plötzlich eigene praktische Aktivitäten (zum Beispiel mehr Bewerbungen schreiben) beginnt und Sie eventuell nach konkreten Ratschlägen fragt. Frühestens dann können Sie mithelfen, keinesfalls eher.

Erkennen Sie die derzeitige Verletzlichkeit des ewigen Opfers an, kann es Ihr Verbündeter oder sogar Freund werden. Sprechen Sie dafür seine besondere Stärke einmal aus, um zu zeigen, dass sie gesehen und geschätzt wird: Auch unter schwierigen Umständen findet es noch die Kraft, sein Leben, so weit es geht, geordnet weiterzuführen. Das ist bereits eine Leistung. Dadurch ist es für viele ein Vorbild, auch wenn ihm das vielleicht gar nicht bewusst ist. Er kann auch eine schwierige Situation (beispielsweise eine Krise im Job oder in der Beziehung) für einige Zeit aushalten, ohne ständig wütend zu sein oder anderen offen Vorwürfe zu machen. Diese Anerkennung gibt ihm Stolz und Würde, aber auch Dankbarkeit Ihnen gegenüber. Sie haben gezeigt, dass Sie verstehen.

Zu wenig Selbstvertrauen

Hinter dem Verhalten des ewigen Opfers steckt ein tiefsitzender Mangel an Vertrauen in sich und seine Möglichkeiten. Der Nervensägentyp 1 erkennt zu Recht, dass gewisse Dinge nicht einfach sein werden. Aber er unterschätzt die Kraft, die in ihm steckt. Selbst Kleinigkeiten können dadurch als fast unüberwindbare Hürde erscheinen, etwa in einem Meeting oder privaten Gespräch für sich einzustehen. Die Gründe dafür liegen häufig in der Kindheit oder Jugend. Vielleicht hat er damals die schmerzliche Erfahrung machen müssen, weniger wert oder nicht so stark zu sein wie andere und steht deshalb auch als Erwachsener noch immer nicht für sich ein. Eine Therapie oder ein Coaching kann ein guter Rahmen sein, um sich mit diesen Prägungen auseinanderzusetzen und sie dadurch zu überwinden.

Mehr Erholung

Möglicherweise ertappen Sie sich manchmal dabei, dass Sie selbst viel über Ihre Lage klagen, aber nur wenig tun, um Sie zu verbessern. Sagen Sie in dem Fall zuerst möglichst viele Termine und Verpflichtungen ab oder verschieben Sie sie. Schlafen Sie ausreichend, planen Sie mehr Pausen und Erholungszeiten (zum Beispiel Spaziergänge) ein. Schreiben Sie sich jeden Abend drei Dinge auf, für die Sie dankbar sind, scheinen sie auch noch so alltäglich, etwa ein gutes Essen oder ein anregendes Gespräch mit Freunden. Das gibt Ihnen neue Energie, weil es Sie daran erinnert, dass Ihr Leben trotz der aktuellen Schwierigkeiten immer noch viele schöne Seiten hat. Verwenden Sie möglichst wenig Zeit dafür, sich über andere oder Ihre Umstände zu beklagen.

Nutzen Sie sie stattdessen dafür, Ideen zu sammeln, wie Sie sich aus Ihrer Lage befreien könnten. Verwerfen Sie sie nicht sofort wieder als unmöglich oder als zu schwierig, sondern probieren Sie sie aus. Jeder praktische kleine Schritt bringt Sie ein wenig weiter und gibt Ihnen wieder mehr Hoffnung und neue Kraft. Ihre Lage ist doch nicht aussichtslos.

Veränderte Taktik

Mein Klient Ralph erkannte, dass es sinnlos war, seine ehemalige Kollegin zu trösten und ihr Ratschläge zu geben. Er bedrängte sie damit und frustrierte sich selbst, weil sie nie etwas umsetzte. »Sie ist aktuell nicht bereit dazu, unterschätzt sicher auch ihre Möglichkeiten. Aber das muss ich akzeptieren. Ich kann sie nicht überreden oder gar zwingen. Sie muss ihren eigenen Weg und ihr Tempo finden.« So beschloss er, seiner Neigung, immer helfen zu wollen, nicht mehr nachzugeben: »Ich gehe absichtlich nicht mehr auf das Jammern ein, gebe ungefragt keine Tipps mehr, höre mir aber auch nicht mehr alles an.« Schrieb sie ihm wieder, überflog er ihre Zeilen nach relevanten Informationen, wenn sie beispielsweise ein Treffen vorschlug oder eine fachliche Frage stellte: »Darauf gehe ich ein, alles andere ignoriere ich.« Anfangs kostete ihn das einige Überwindung, weil er sich ein wenig egoistisch und kaltherzig vorkam. Erstaunlicherweise schien sie aber darüber nicht enttäuscht, sondern sogar froh, dass jemand einen anderen, positiveren Tonfall anschlug: »Analysieren muss ich das nicht«, meinte Ralph. »Ich führe nicht ihr Leben und kann nicht für sie entscheiden.«

Führungsstärke lernen

An persönlicher Führungsstärke fehlt es heute leider überall. Ich sehe das jeden Tag in dem gentrifizierten Stadtteil, in dem ich wohne: Auf den Straßen, in Restaurants und Cafés finden sich sehr viele idealistische Eltern um die 40, die von ihren brüllenden Dreijährigen erzogen werden. Das ist sehr klar, wer hier wen führt. Ich kann mir vorstellen, dass viele dieser Väter und Mütter beruflich in verantwortlichen Positionen sind. Wenn ihre Mitarbeiter sehen würde, wie sie sich bereits von einer kleinen Rotznase herumkommandieren lassen und sie dann noch trösten und belohnen, würden sie eventuell auch selbstbewusster auftreten: einfach mehr schreien und alle Gegenansichten konsequent ignorieren, bis der andere nachgibt! So gewinnen die Kleinsten jeden Nervenkrieg.

Top-Strategie gegen ewig Opfer: Verantwortung bewusst zurückgeben

Vergessen Sie den Gedanken, dass Sie dieser Nervensäge helfen oder sie gar retten, indem Sie sie trösten oder ihre Probleme gleich selbst lösen. Sie wird Ihnen sofort vom nächsten erzählen. Fassen Sie stattdessen ihre Klagen zusammen. »Du sagst sehr oft, dass…« »Bei jedem Gespräch berichtest du ja…« Geben Sie danach die Verantwortung mit einer offenen Frage zurück, die zum konstruktiven Nachdenken anregt. »Wie soll es weitergehen?« »Was planst du als nächstes?« Schließen Sie ab, indem Sie klarmachen, dass die Verantwortung bei ihr bleibt. »Ich bin total gespannt, wie du es angehst.« »Ich wünsche dir auf jeden Fall viel Erfolg.« Alles Weitere ist nicht mehr Ihre Sache.

NERVENSÄGENTYP 2: VERBISSENE RECHTHABER – DIE ANDEREN LIEGEN IMMER FALSCH

Immer im Angriffsmodus, selbst wenn es gar nicht sein muss: Diese Nervensäge nervt mit ihrer beständigen Angriffslust und Besserwisserei. Dahinter verbergen sich starre Ansichten und eigene Unsicherheit.

Für uns alle ist das Leben aufregender und interessanter geworden, seit sich dank der sozialen Medien jeder zu allem äußern kann und das selbstverständlich auch tut. Wer selbst nie über ein Angestelltendasein mit Tarifgehalt hinausgekommen ist, kann dafür Elon Musk – nur Gründer von PayPal, Tesla und SpaceX sowie reichster Mann der Welt – auf Twitter rügen, dass der »überhaupt keine Ahnung hat, wie man ein Unternehmen führt«! Wer zu Hause nichts zu melden hat, ordnet dafür auf Facebook die Weltkarte neu: »Wenn wir jetzt Russland zurückdrängen, schieben wir dem expansiven Revanchismus einen Riegel vor und sichern uns die Rohstoffquellen in Afrika. Da ist China erst einmal außen vor.«

Früher waren es nur einige vereinzelte Herren, die sich am Sonntagmorgen beim Frühschoppen mit jedem Glas Wein mehr in Rage redeten, aber noch darauf vertrauen konnten, dass sich bald keiner mehr daran erinnern würde. Heute kann die gesamte Familie »partizipativ« daran mitwirken und steilen Thesen mit wackeliger Faktenlage in die Öffentlichkeit verhelfen. Mama hat per Ferndiagnose bereits mehrere Prominente als »klare Narzissten und Borderliner« überführt. Papa wäre nicht nur der bessere Nationaltrainer, Kanzler und Wehrexperte, sondern stellte sich verblüffenderweise auch noch als Verteidiger der deutschen Sprache heraus: »Aus gegebenem Anlass: Es gibt keinen ›vegetarischen Fleischsalat‹!« Die Kleinen haben schon vollkommen den Überblick verloren und sind seit »Black Lives Matter«, »Fridays for Future« und der »Letzten Generation« abwechselnd für und gegen alles, je nach tagesaktueller Verfassung.

Er regt sich auf, weil er sich immer im Recht sieht

Viele Menschen sind nicht nur davon überzeugt, in einer bestimmten Sache – um welches Thema es auch gehen mag – recht zu haben, sondern sie können auch erst Ruhe geben, wenn sie andere ebenfalls davon überzeugt haben. Für sie ist es unerträglich, wenn ihre Ansichten nicht geteilt und bestätigt werden, wenn andere ihre eigenen Meinungen haben oder sich überhaupt nicht für das Thema interessieren. Dann bohren sie so lange nach, argumentieren und streiten, bis selbst familiäre Beziehungen und langjährige Freundschaften beschädigt sind. Das ist Nervensägentyp 2: der verbissene Rechthaber. Er ist überzeugt, richtig zu liegen, und kann sich andere Ansichten nur mit Unwissen, Dummheit oder Verblendung erklären. Andere nervt er mit seinem missionarischen Eifer. Dabei zeigt er vor allem eine bornierte, äußerst starre Weltsicht und die Unfähigkeit, andere Perspektiven zu integrieren.

Der Rechthaber nervt mit seiner Aggressivität und Streitsucht. Es gibt kein Thema, bei dem er sich nicht berufen fühlt, demonstrativ seine Meinung kundzutun – »klare Ansage«, »Kante zeigen« – und das anschließend von den anderen einzufordern. Und wehe, jemand denkt nur ein bisschen anders oder will sich gar nicht positionieren. Für diese Nervensäge ist das ein Zeichen fehlender Informationen oder eine unentschuldbare Charakterschwäche (»keine Haltung«). Sein Verständnis von Demokratie ist die Einheitsfront: gern unterschiedliche Ansichten, so lange es Varianten derselben sind. Im besten Fall missioniert er mit Fakten, die aus seiner Sicht immer nur eine Schlussfolgerung zulassen. Schnell wird man aber gleich selbst als Gegner eingestuft, abgewertet und beleidigt (»hat ja keine Ahnung!«). Sein Hang zu übereilten, dafür entschlossenen Schnellurteilen führt dazu, dass er sich rückwirkend ständig selbst berichtigen muss, was ihm aber selbst kaum auffällt.

Jede Interaktion mit ihm wird schnell anstrengend

Hier möchte ich von meinem Klienten Erik erzählen, einem Key-Account-Manager bei einer Unternehmensberatung. Ein Mandant seines Arbeitgebers schaffte es regelmäßig, ihn aufzuregen. Jedes Gespräch mit ihm fühlte sich wie ein zähes Ringen an, bei dem sein Gegenüber nur auf einen schwachen Moment lauerte, um ihn verbal zu überwältigen. Er mochte lächeln und freundliche Worte wählen, doch er kämpfte, obwohl es gar nicht nötig war. Erik ließ sich nichts anmerken, fand es aber anstrengend, ständig Fangfragen, provokativen Anmerkungen und subtilen Drohungen auszuweichen und nicht aggressiv zu reagieren, obwohl er zunehmend genervt war. »Dabei sind wir keine Gegner, sondern könnten problemlos und entspannt zusammenarbeiten. Aber er macht aus allem einen Konkurrenzkampf.« Für einen gewissen sportlichen Kampfgeist im Job war Erik auch. Hier aber hatte er den Eindruck, dass er ihn eher sabotierte.

Kurzprofil Rechthaber (Typ 2): Kämpfer mit emotionaler Überreaktion

Er versteht sich als Kämpfer – er allein gegen den Rest der Welt, die ihn nicht verstehen will oder alles falsch macht. Selbst weiß er dagegen, was er will, wie es sein sollte und wie er es bekommen kann. Das ist schon kraftvoll, setzt Willens- und Entschlusskraft voraus. Er kann sich mit seiner Aggressivität auch oft durchsetzen, zahlt dafür aber langfristig einen hohen Preis. Immer wieder ist er in anstrengende Konflikte verwickelt, die seinen beruflichen und privaten Beziehungen schaden, weil er unbedingt recht behalten oder etwas mit aller Gewalt durchsetzen muss. So hat er selbst den Eindruck, überall auf Widerstände zu treffen, ist innerlich angespannt und zeigt oft einen unterdrückten Frust.

Positiv gesehen: engagierter Kämpfer

Negativ gesehen: verbohrter Rechthaber

Nervfaktor: Seine beständige Angriffslust und Besserwisserei ermüdet und macht ihn zu einem anstrengenden Mitmenschen.

Beste Gegenstrategie: Seine Ansicht bestätigen, aber in der Form, dass sie als seine anerkannt wird, die man selbst ganz entspannt nicht teilt.

Das bezog sich auch auf die Mitarbeiter seines Mandanten, wie Erik bei gemeinsamen Meetings beobachtet hatte. »Einige bewundern ihn, und er gibt das zurück, zeigt seinen Respekt, bedankt sich und lobt. Doch die meisten haben sicher Angst vor ihm, fühlen sich eingeschüchtert und verunsichert. So behandelt er sie dann auch.« Erik hatte miterlebt, dass Frauen aus dem Team des Mandanten in ihren Meetings in Tränen ausgebrochen waren, weil er sie vor allen anderen wie dumme Kinder behandelt hatte. Selbst hatte Erik peinlich berührt daneben gesessen – unsicher, ob er etwas sagen sollte, obwohl er hier nur zu Gast und kein Teammitglied war.

Von älteren Kollegen, die schon länger im Unternehmen waren, hatte Erik gehört, dass sein Geschäftspartner vor einigen Jahren zu einem Anti-Agressionstraining musste. Ansonsten hätte ihn sein Arbeitgeber wegen vieler Beschwerden aus dem Team entlassen. Das hatte ihn allerdings nur oberflächlich friedfertiger gemacht. Er sprach Beleidigungen seitdem nicht mehr aus, schrie niemanden mehr an oder warf gar mit einem Stift, Locher oder Telefon. Stattdessen verlegte sich auf sarkastische Bemerkungen, demonstratives Einatmen und ein süffisantes Lächeln, wenn ihm jemand zuwider war oder bevor er ihn belehrte. »Das vergiftet die Atmosphäre ebenso, auch wenn man es schwerer an Worten festmachen kann.«

All das entsprach nicht dem, wie sich Erik eine gute Zusammenarbeit und Atmosphäre vorstellte. So überlegte er bereits, diesen Mandanten an einen Kollegen abzugeben, der sich daran möglicherweise weniger störte. »Ich bin nicht überempfindlich. Im Job muss man mit gewissen Härten und Kritik klarkommen lernen«, meinte er. »Aber andere absichtlich verletzen und demütigen, weil man es durch seine Position kann, stößt mich ab.« Sonst war er immer überzeugt gewesen, dass jeder für sich selbst eintreten müsse. Hier aber schien ihm ein Eingreifen von oben durchaus gerechtfertigt.

Manche müssen zu allem eine Meinung haben

Wir leben in einer Zeit, in der jeder zu allem eine Meinung haben und andere unbedingt damit belästigen muss. In der *Neuen Zürcher Zeitung* las ich von folgendem Problem, das eine Leserin beschäftigte: »Immer wieder begegnen mir Männer mittleren Alters, die enge Poloshirts tragen. Dabei fällt der Blick auf die sich deutlich abzeichnenden Brüste, was kein schöner Anblick ist. Darf man eine Bemerkung fallen lassen?«[3] Die befragte Expertin riet ab: »Nur weil Frauen jahrhundertelang Bodyshaming ausgesetzt waren, müssen wir dieses Prinzip nicht auch noch auf Männer ausweiten. [...] Es gibt kein Anrecht auf die Verhüllung von mutmaßlich nicht formvollendeten Körpern.« Gerade noch mal Glück gehabt!

Mich schrieb eine mir komplett unbekannte Frau über meine Webseite an. Es störte sie, dass meine Texte dort in der Du-Form sind. Sie fand das »selbstherrlich, anbiedernd, oktroyiert« und musste mir das unbedingt mitteilen, obwohl wir uns weder kannten noch zusammenarbeiteten und sie auch seit Langem pensioniert ist. Meine Antwort: »Ich richte mich hier nach den aktuellen Gepflogenheiten am Arbeitsplatz. Aber ich verstehe selbstverständlich, dass manche es anders bevorzugen.« Sie schrieb direkt zurück: Früher habe sie auch geduzt, aber keine Fremden, die »entweder durch ihre speziellen Eigenschaften, die sie entfremdeten, oder auch mit einem speziellen Status ausgestattet waren«. Für manche ist Prinzipienreiterei eben Selbstbestätigung und Freizeitbeschäftigung zugleich. Daraus kann eine lange Brieffreundschaft werden.

Ein Bekannter bestellte auf Amazon ein Skateboard, brauchte es dann doch nicht und wollte es wieder

---

3   NZZ Bellevue, *Soll man zu enge Polos bei Männern beanstanden?*, 26. August 2022, https://bellevue.nzz.ch/mode-beauty/enge-poloshirts-bei-maennern-soll-man-darauf-hinweisen-ld.1698402

zurückgeben. Amazon bot ihm an, den Kaufpreis vollständig zu erstatten. Zurücksenden müsse er das sperrige Teil nicht, weil gebrauchte Waren nicht wieder verkauft würden, sondern entsorgt werden müssten. »Was stimmt mit denen nicht?«, empörte er sich in einem offenen Brief auf Facebook, anstatt sich über die Kulanz zu freuen, das Skateboard einfach selbst weiterzuverkaufen oder zu verschenken. »Ich habe auf Rücksendung bestanden!« Tja, somit hatte er recht behalten und erfolgreich die schlechtere Lösung für alle durchgesetzt.

In einer Restaurantkritik las ich einmal die Beschwerde: »Das Menü (Halbpension) war ausgezeichnet. Die vier Gänge waren sehr gut, aber etwas zu viel. Das Dessert dürfte kleiner sein.« Das ist natürlich grundfalsch, Desserts dürfen niemals kleiner sein, beweist aber, wie rigide Rechthaber denken.

Immer zeigt sich dabei, dass diejenigen, die am meisten austeilen, am wenigsten einstecken können. Als Twitter im vergangenen Jahr den Eigentümer wechselte, klagten genau diejenigen, die andere dort seit Jahren kritisiert, zusammengestaucht und beschimpft haben, plötzlich über den »unerträglichen Ton«, wegen dem sie es »hier nicht mehr aushalten« würden.

Stolz und uneinsichtig

Selbst empfindet sich der Rechthaber als jemand, der die Lage und andere Menschen klar und entschlossen beurteilt. Er ist stolz darauf, seine Meinung ohne Rücksichtnahmen offen auszusprechen, anderen ihre Grenzen aufzuzeigen und keine Konfrontation zu scheuen. Für ihn zeigen sich darin Mut, Haltung und Zivilcourage, wenn er damit noch grundlegende Werte wie Ordnung, Gerechtigkeit und Fairness verteidigt. Andere haben dagegen den Eindruck, dass er aus Prinzip immer recht behalten will, weil er die Bestätigung braucht. Es ist ihm fast unmöglich, zuzugeben, dass er sich geirrt hat, weil er das als persönliche Niederlage empfinden würde. Als Eingeständnis persönlichen Versagens. Das macht ihn, trotz seiner Kompetenzen, zu einem schwierigen Chef, Kollegen oder Freund – viele wenden sich entsprechend ab.

Es bringt nichts, ihn mit Argumenten widerlegen zu wollen. Er wird sofort mit den nächsten Erklärungen dagegen halten oder, falls ihm dazu nichts einfällt, auf Seitenaspekte oder ein anderes Thema ausweichen. Nachgewiesene eigene Denkfehler und Irrtümer wischt er beiseite (»Spielt doch keine Rolle!«). Gleiche Maßstäbe für ähnliche Fälle will er nicht gelten lassen (»Das ist Whataboutism!«). Liegt er inhaltlich unbestreitbar falsch, wird er persönlich, wirft Ihnen etwa den »falschen Ton« vor, dass Sie »naiv« oder »ahnungslos« wären. Alles nur, um keine Zugeständnisse machen zu müssen und damit, so seine Gleichsetzung, das Gesicht zu verlieren. Er will nicht dazulernen, mitdenken oder gar überzeugt werden, zumindest nicht jetzt, sondern recht behalten, selbst wenn er sich damit seinen Ruf beschädigt, Freundschaften und gute Kontakte ruiniert und nervlich bald selbst am Ende ist. Mit seinen Waffen schlagen Sie ihn nie.

Empathie, um ihm Offenheit zu erlauben

Statt Widerspruch, so begründet er auch wäre, bringt Sie Empathie beim Rechthaber weiter. Das fällt leicht, wenn Sie anerkennen, wie bedürftig er nach Beachtung und Zustimmung ist, geradezu ausgehungert. Tun Sie ihm also zuerst diesen Gefallen, indem Sie eine kleine Anerkennung aussprechen. Sagen Sie einfach etwas wie: »Das ist ein wichtiger Punkt« oder: »Ich finde es toll, wie du für diese Sache kämpfst«, ohne sich seine Ansichten inhaltlich zu eigen zu machen. Zuerst wird er aus Gewohnheit weiterdiskutieren, bald aber merken, dass er Ihnen weder widersprechen kann noch braucht, sondern sich nur noch wiederholen würde. Sie haben ihm ja bereits zugestimmt. Oft entdecken Sie dabei, dass Sie in vielen Punkten sogar tatsächlich übereinstimmen. Diese können Sie als Gemeinsamkeit betonen. Was die Differenzen angeht: »Das finde ich interessant, dass wir da verschiedene Perspektiven haben. Danke für die Einblicke in deine Sicht.« Das wird ihn erst irritieren, denn er ist ständigen Kampf gewöhnt. Bald aber wird er Sie für Ihre sanfte, selbstsichere Haltung respektieren und Ihnen dafür dankbar sein, dass er bei Ihnen so sein kann, wie er ist. Mal eine Waffenpause, durchatmen.

Der Kampfgeist dieser Nervensäge kann durchaus hilfreich für Sie sein, und auch sonst verfügt sie über besondere Stärken: Sie kann sich und ihre Pläne durchsetzen, hat keine Angst vor Konfrontationen und klaren Worten, wenn sie sie für nötig hält. Selbst anspruchsvollste Aufgaben erledigt der Rechthaber kraftvoll und bei Bedarf gegen alle Widerstände. Auch das braucht es in Unternehmen und im Leben. Es geht nie ganz ohne Konfrontation. Insgesamt zeigt er eine beachtliche Kraft und Ausdauer und erreicht dafür mehr als viele andere. Diese Anerkennung zeigt ihm, dass sein Einsatz gesehen und respektiert wird, und erlaubt ihm, sich selbst weicher und zugänglicher zu zeigen.

Fühlt sich angegriffen

Hinter dem Verhalten des Rechthabers verbergen sich vor allem Unsicherheit, insbesondere ein Misstrauen anderen gegenüber. Der Nervensägentyp 2 erkennt, dass ihm nicht alle Menschen gleich wohlgesinnt sind. Aber er unterschätzt die Kraft und den langfristigen Erfolg eines positiven

Grundvertrauens, das andere für sich einnimmt. Das führt für ihn immer wieder zu Konflikten, die weitgehend vermeidbar wären und ihn selbst viel kosten. Der Grund liegt häufig in der bisherigen Erfahrung mit Respektspersonen. Vielleicht hat er bisher vor allem Vorgesetzte, Lehrer oder sogar Eltern erlebt, die ihm ein solches Vorbild gegeben haben: Du musst für dich kämpfen, weil es sonst kein anderer tut. Ein Kommunikationstraining kann ihm helfen, seine Möglichkeiten zu erweitern. Wahre Stärke braucht nicht ständigen Druck auf andere, sondern überzeugt durch ein gutes Vorbild.

Mehr Entspannung

Vielleicht ist Ihnen schon aufgefallen, dass Sie selbst andere manchmal unnötig oft angreifen oder glauben, sich ständig verteidigen zu müssen, um nicht abgedrängt und übervorteilt zu werden. Gönnen Sie sich dann mehr Abstand. Regelmäßig ein paar freie Tage, weniger Überstunden, mehr Zeit für Sport, Freunde und Hobbys – all das senkt Ihre Anspannung. Mancher Konflikt wird dadurch von allein weniger bedeutsam. Nicht alles muss ausgetragen und geklärt werden. Das schadet Ihrem Erfolg nicht, auch wenn Sie das vielleicht befürchten. Im Gegenteil: Es schont Ihre Nerven, schafft Ihnen neue Freunde und Unterstützer, verbessert also Ihre Gesundheit und Lebensqualität. Üben Sie gleichzeitig, weniger zu urteilen. Achten Sie darauf, wann Sie gedanklich eine Meinung formulieren – und sprechen Sie sie nicht aus. Stellen Sie stattdessen eine offene, interessierte Frage, um mehr zu erfahren. Im Laufe der Zeit werden Sie so weniger schwarz-weiß, also in Gegensätzen denken, sondern mehr Zwischentöne wahrnehmen und feststellen, wie viel Sie mit anderen verbindet. Sie vergeuden damit weniger Energie für sinnlose Konflikte.

Andere Träume

Meinen Klienten Erik hatte sein aggressiver Mandant dazu gebracht, mehr über die Art, wie Vorgesetzte führen, nachzudenken. »Selbst hatte ich mit ihm nie Probleme. Er war zu mir immer respektvoll und höflich, nur eben sehr angespannt und – freundlich ausgedrückt – kampflustig.« Nach einer Veranstaltung hatten sie auch einmal einige persönliche Worte gewechselt. Dabei stellte sich heraus, dass sein Mandant eigentlich selbst nicht glücklich mit seiner Situation war: »Er war in das Unternehmen gekommen, weil sein Vater dort schon Karriere gemacht hatte. Aber eigentlich hatte er von einem ganz anderen Leben geträumt, eine kleine Landwirtschaft, die er selbst bewirtschaften wollte. Aber nun saß er, verheiratet und mit Kindern, dort fest.« Erik gab diesen Mandanten nach einiger Zeit an einen Kollegen ab, weil ihm ein neuer Bereich zugeteilt worden war, dachte aber noch oft an ihn zurück. Inzwischen dachte er an eine Zusatzausbildung im arbeitspsychologischen Bereich, um seine Erfahrungen einmal für andere einzusetzen: »Ich denke, niemand sollte in einem Job leiden. Vielleicht kann ich anderen helfen, sich in solch einem Fall weiterzuentwickeln.«

Beweglich bleiben

Als kleiner Junger habe ich einige Zeit Boxen trainiert. Daraus ist mir noch eine Strategie in Erinnerung, wie sie in vielen Kampfsportarten zu finden ist: sich einem starken Gegner nicht direkt entgegenstellen und in kürzester Zeit überrollen lassen, sondern beweglich bleiben und vor allem dafür sorgen, dass seine Schläge immer ins Leere gehen. Nach einiger Zeit erschöpft er sich so von selbst und kommt außer Atem.

Die Schläge werden schwächer und zielloser, schließlich ist seine Verteidigung ganz offen. Sie dagegen sind möglicherweise noch immer frisch und gewinnen dann zwar nicht brachial durch K.O., aber elegant nach Punkten.

Top-Strategie gegen Rechthaber: zustimmen und für sich gewinnen

Der Rechthaber ist zu verbissen, um sich durch Argumente überzeugen zu lassen. Sie würden sich nur zerstreiten, womit niemandem geholfen wäre. Lassen Sie ihn deshalb die erste Runde (vermeintlich) gewinnen: Stimmen Sie ihm einfach zu, aber immer mit der Anmerkung, dass Sie »seine Ansicht« als interessant anerkennen. So bleibt Ihnen, Ihre eigene Meinung zu behalten und selbst ganz entspannt zu bleiben, obwohl Sie die Sache – oder Aspekte davon – unterschiedlich sehen. Beharrt er weiter auf seiner Perspektive, stimmen Sie nach gleichem Muster zu und loben seine Leidenschaft dafür. Bald wird er aufgeben, weil sich der Kampf für ihn nicht lohnt. Das ist dann die Chance auf einen nuancenreicheren, interessanteren Austausch, der für beide spannend sein kann.

NERVENSÄGENTYP 3: SCHLAFFE ZÖGERER – NIE BEREIT, SICH ENDLICH ZU BEWEGEN

Viel reden, wenig handeln: Diese Nervensäge weiß zwar, was sie stört und was sie nicht will. Aber sie schafft es nicht, klare Ziele zu formulieren und zu verfolgen. Stattdessen nervt sie mit Nörgelei und heimlichem Neid.

Einer der Vorteile wirtschaftsstarker, stabiler Zeiten ist es, dass auch Theoretiker, die keine praktischen Erfolge vorweisen können, ihre Chance haben. Das gilt insbesondere, seit sich die Ansicht durchsetzen konnte, dass »Sprache bereits Realitäten schafft«. So genügt heute schon gut gemeintes Gerede, während frühere Generationen noch an Ergebnissen gemessen wurden. Wir leben jetzt die Erwachsenenversion von »hat sich bemüht«. Fleißbienchen auch für die Großen.

Wer es beispielsweise nicht schafft, ein Unternehmen zu gründen, kann sich immer noch an den Begrifflichkeiten abarbeiten. Statt selbst »Gründer« zu sein, kann er stolz darauf verweisen, mit dafür gekämpft zu haben, dass man nun geschlechtsneutral »Gründungsperson« sagt und statt »Unternehmer« »Selbstständigerwerbender«. Zwar werden so keine neuen Unternehmen gegründet und auch der Frauenanteil erhöht sich auf diese Weise nicht sonderlich (trotz aller

Förderung seit 2004 von 36 auf 39 Prozent), aber Jobs schafft das trotzdem, nur eben in den Konzernabteilungen für Vielfalt und Inklusion, in Behörden, Universitäten, Parteien und NGOs. Umlagefinanzierung erspart zudem den Verdacht, gewinnorientiert arbeiten zu wollen, also egoistisch zu sein.

Außerdem gibt es auch in diesem Bereich ständige Innovation. So musste der »Lehrling« seinerzeit unbedingt in »Auszubildender« umbenannt werden und kürzlich in den »Lernenden«. Längst überfällig ist nun die Feststellung, dass dieser Begriff »strukturelle Ungleichheiten« festschreibt – als ob der Lehrmeister mehr wüsste als der Lehrling – und deshalb eine gleichberechtigte Bezeichnung erforderlich ist. Vielleicht »Lernpartnernde« für beide?

Frustriert mit seiner Zögerlichkeit

Viel reden, wenig machen – sicher haben Sie auch solche Menschen schon getroffen. Sie nörgeln gewohnheitsmäßig und erzählen ausführlich, wie unzufrieden sie sind. Fragen Sie nach, was sie vorhaben, um ihre Lage zu verbessern, hören Sie allerdings nur Ausflüchte. »Ich weiß noch nicht genau.« »Vielleicht später…« »Ich überlege noch…« So kann das jahrelang gehen, in denen sie missmutig ihren Job erledigen und andere mit ihrem Frust anstecken. Das ist Nervensägentyp 3: der schlaffe Zögerer. Im Unterschied zum ewigen Opfer (Typ 1) weiß er immerhin selbst, dass er sich endlich einmal bewegen müsste, kann sich aber nicht aufraffen. Stattdessen nervt er andere mit seinen immer gleichen Beschwerden, aus denen er nie eine Konsequenz zieht. Ersatzweise tröstet er sich mit Sport, Meditation, Shopping und Urlaub. Das entlastet ihn jeweils kurzzeitig und verhindert gleichzeitig, dass er sein Problem grundlegend angeht.

Kurzprofil Zögerer (Typ 3): Pragmatiker mit Entscheidungsschwäche

Er denkt und handelt eigenverantwortlich, vermeidet aber ständig überfällige Gespräche und grundsätzliche Entscheidungen. Immerhin hat er für sich Methoden gefunden, auch lange Frustphasen durchzustehen (zum Beispiel abends laufen, um den Kopf frei zu bekommen, Urlaub nach stressigen Projektphasen). Damit entkommt er den frustrierenden Aspekten seines Lebens zumindest zeitweise. Aber insgesamt verharrt er zu lange in Situationen, von denen er weiß, dass er sie verändern oder verlassen müsste. Entsprechend schwankt sein Wohlbefinden stark. Mal ist er eigentlich recht zufrieden. Dann wieder würde er am liebsten sofort alles hinschmeißen. Seine Alltagsfluchten werden immer aufwendiger.

Positiv gesehen: Pragmatiker mit Durchhaltevermögen

Negativ gesehen: unentschlossener Nörgler ohne Biss

Nervfaktor: Seine Unentschlossenheit und Inkonsequenz machen ihn unglücklich, darunter leiden auch andere in seinem Umfeld.

Beste Gegenstrategie: Akzeptieren Sie, dass er sein Leben insgesamt so führen will. Das befreit Sie vom Drang, motivieren und helfen zu wollen.

Diese Nervensäge nervt mit ihrer ewigen Unentschlossenheit und mehr noch mit ihrer fortlaufenden Selbsttäuschung, dass es nur »im Moment« so wäre. Dabei kann der Zögerer sich und anderen jahrelang erklären, warum er gerade jetzt nichts machen könne (»Wenn die Kinder aus dem Haus sind«, »Wenn das Haus abbezahlt ist…«). In klaren Momenten sieht er das auch selbst ein, gibt seinen bequemen Fatalismus dann zerknirscht zu, handelt aber trotzdem nicht. Er sagt höchstens resigniert: »Stimmt, muss wohl an mir liegen.« Er vermeidet Entscheidungen, die für eine Verbesserung notwendig wären, weil er die Folgen nicht auf sich nehmen will: praktisch aktiv werden, Risiken eingehen, den notwendigen Preis bezahlen. Darüber ärgert er sich selbst und blickt ein wenig neidisch auf andere, die mutiger und entschlossener sind. Mit all dem frustriert er auch wohlmeinende Menschen in seinem Umfeld, die sehen, wie wenig er für den nächsten Schritt eigentlich nur bräuchte.

Immer wieder nur die Flucht in Sport und Ferien

An dieser Stelle denke ich an meine Klientin Rahel, die bei einem Verlag arbeitete. Ihr kam es an manchen Tagen vor, als wäre sie in einer Zeitschleife gefangen und würde die Business-Version von *Und täglich grüßt das Murmeltier* durchleben. Ihr Kollege, der ihr direkt gegenüber saß, erzählte ständig das Gleiche: dass er mit diesem Job gar nicht mehr glücklich wäre, aber ja damit leben müsse. Wie sehr er sich auf den nächsten Urlaub freue, dann käme er endlich mal wieder raus und würde etwas erleben. Dass es doch sinnlos wäre, was sie hier machten, und er schon längst hätte woanders hingehen sollen. Dass es überall besser wäre und er langsam wirklich genug habe.

»Warum machst du das denn nicht einfach?«, dachte Rahel dann manchmal wütend, denn sie hatte seine Beschwerden schon zu oft gehört. Am Anfang hatte sie ihn noch bestätigt, denn natürlich war im Unternehmen und in ihrer Abteilung nicht alles perfekt. Sie erzählte ihm, wenn sie von freien Stellen bei anderen Verlagen hörte. Sie empfahl ihm, eine Weiterbildung zu besuchen, um seine Chancen zu verbessern. »Aber eigentlich interessierte ihn nur, dass er nach der Arbeit möglichst schnell ins Sportstudio und dann nach Hause zu seinem Partner kam. Oder eben in die Ferien.« Schließlich gab sie es auf, ihm helfen zu wollen, und vermied bald sogar, mit ihm in die Kantine zu gehen. »Ich konnte das Gerede nicht mehr hören.«

Beide waren ähnlich lange im Unternehmen. Aber Rahel war sich sicher, dass sie sich eine gewisse Begeisterung – oder zumindest Interesse – bewahrt hatte. »Ich begreife nicht, wie man derart lustlos seinen Job machen und unzufrieden sein kann und gleichzeitig jahrelang daran festhält.« Zwar hatte ihr Kollege einmal erzählt, dass er sich ein-, zweimal woanders beworben hatte. Aber wegen seiner langen Betriebszugehörigkeit verdiente er gut und hätte finanzielle Abstriche machen müssen. »Das war es ihm dann doch nicht wert.« Inzwischen war er Anfang 50 und hat sich ausgerechnet, wie er Altersteilzeit und vorgezogene Rente so kombinieren könnte, dass er eigentlich »nur noch zehn Jahre durchhalten müsste«.

Rahel dachte selbst seit Längerem über einen Wechsel nach. »Natürlich rege ich mich über meinen Kollegen auf, muss mir aber ehrlicherweise eingestehen, dass ich eigentlich ebenso risikoscheu bin.« Sie war seit Langem nicht mehr befördert worden, obwohl sie sich auf einige interne Ausschreibungen beworben hatte, hatte auch seit Jahren keine Gehaltserhöhung mehr bekommen. »Das heißt, dass ich extern wechseln müsste. Aber dafür fehlen mir bisher ein konkretes Angebot und der Mut.« Inzwischen hatte sie sogar eine

Theorie, warum ihr Kollege sie so nervte und aufregte: »Weil ich mich in seinem Verhalten wiedererkenne.«

Schwierig, die richtigen Entscheidungen zu treffen

Wir wissen alle, wie schwierig es ist, die richtigen Entscheidungen zu treffen. Während stressiger Arbeitsmonate, in denen man miserabel gegessen und nie das Sportstudio von innen gesehen hat, sagt man sich beispielsweise: »Im Urlaub habe ich endlich Zeit, und wenn man sich draußen viel bewegt, isst man ja automatisch weniger und verbrennt mehr.« Dann kommt der Urlaub, und man denkt: »Nach all dem Stress lasse ich es mir erst mal gutgehen. Verdient hab' ich's mir, und ›All Inclusive‹ ist nun schon mal bezahlt.« Wieder daheim, erbleicht man angesichts der Kreditkartenabrechnung und denkt: »Schnell an die Arbeit, werden halt jetzt mal wieder ein paar stressige Monate. Kannst ja danach einen Urlaub einplanen...« Schon ist wieder ein Jahr vorüber!

Aber das ist immer noch besser als das Schicksal derjenigen, von denen man regelmäßig in den Zeitungen lesen muss: unglücklichen Millionenerben, die unter dem Vermögen leiden, das ihnen ihre Vorfahren hinterlassen haben. Sie können es nicht still und heimlich spenden, dafür fühlen sie sich zu schuldig. Auch in ein eigenes Unternehmen zu investieren, damit Jobs für andere zu schaffen, geht nicht. So würden sie die unheilvolle Wertschöpfungskette, die sie reich gemacht hat, nur fortsetzen. So bleiben nur Interviews mit verständnisvollen Feuilleton-Redakteuren, sich zu erleichtern und andere aufzurufen, ihnen zu folgen.

Ewig sollte man nie warten, wenn einem der Sinn nach einem Wechsel steht. Denn ab einem gewissen Alter ist es mit den echten Karriereoptionen vorbei, seit man selbst für

»Seniorpositionen« höchstens 35 sein sollte, weil die gar nicht so bedeutsam und gut bezahlt sind, wie die Titel vermuten lassen. Wer bis 30 studiert und Praktika geleistet hat, sollte also sein Zeitfenster unbedingt nutzen, ehe es sich wieder schließt. Denn mit 50 ist man für die Wirtschaft schon wieder zu alt, obwohl die Politik die Rente ab 70 anstrebt. Die kleine Lücke von 20 Jahren dazwischen lässt sich nützlich füllen, etwa als Berater für »Best Ager«, die bisher mehr Zeit für ihre Urlaubs- als für ihre Berufsplanung verwendet haben.

Dabei sind radikale Karrierewechsel immer möglich. Ein langjähriger Freund, der in jungen Jahren Karriere bei einer Bank gemacht und es bis zum Direktor gebracht hat, führt heute sein eigenes CrossFit-Studio. Notfalls macht man es wie einige Grünen-Politiker und erklärt sich im höheren Alter zur Frau. So kommt man über die Quote doch noch in Positionen, für die man ansonsten bereits disqualifiziert wäre. Gehen Sie in die Politik, haben Sie zudem einen weiteren Vorteil: Weder Berufs- noch Studienabschlüsse sind hier nötig. Selbst wenn Sie bisher noch nicht einmal eine bescheidene Teamleitung hatten, steht Ihnen dort der Weg offen, die nationale Energie- und Volkswirtschaft zu lenken, die Bundeswehr mal wieder umzugestalten oder Erklärungen vor der UNO abzulesen. Worauf warten Sie?

Er meint, sicherheitsorientiert zu sein

Selbst empfindet sich der Zögerer als besonders sicherheitsorientiert, deshalb sehr überlegt. Er denkt oft jahrelang über die Vor- und Nachteile einer möglichen Entscheidung nach und verschiebt sie immer wieder (»wartet erst einmal ab«), um nichts zu riskieren. Manchmal vermutet er eine Charakterschwäche (»schwacher Willen«) bei sich und denkt, dass er wohl auch damit leben müsse. So erledigt er seinen Job, bemüht sich – nicht sehr erfolgreich –, Langeweile und Frust zu verbergen, und belohnt sich dafür gelegentlich mit ein bisschen Vergnügen. Andere sehen in ihm jemanden, der sich mehr Freiheit und Mut wünscht, aber den Preis dafür nicht bezahlen will. So sperrt er sich in seinen eigenen Ansprüchen ein (»goldener Käfig«) und erleichtert sich durch nörgeln, als wären andere daran schuld.

Es bringt wenig, den Zögerer zu einer Entscheidung drängen zu wollen, beispielsweise immer wieder nachzubohren, was er denn nun vorhat. Denn seine Einwände haben eine Berechtigung, wenn sie bei ihm auch zu einer gedanklichen Blockade führen. Machen Sie einen Vorschlag, wird er die Vorteile erkennen, gleichzeitig aber auch die Nachteile und gleich wieder zögern und lieber erst einmal gar nichts machen wollen. Das wiederholt sich so oft, dass Sie zunehmend wütend auf ihn werden, ihn »packen und wachrütteln« und für ihn entscheiden wollen. Dabei merken Sie, dass er sich immer wieder herauswindet, neue Erklärungen dafür findet und nicht mitzieht, sobald es verbindlich werden könnte, weil er das als gefährlich empfindet. Schließlich geben Sie auf, können aber auch danach schwer davon lassen, ihn durch Tipps oder Zuspruch zu einer Entscheidung führen zu wollen.

Es bringt nichts, ihn drängen zu wollen

Beim Zögerer ist es am besten, wenn Sie sich nicht länger mit ihm beschäftigen, sondern ihm die Freiheit überlassen, zu entscheiden. Wenn er weiter in seinem aktuellen Job leiden will, weil er gewissen Vorteilen (zum Beispiel Gehalt, relative Sicherheit) den Vorzug gibt, ist das seine Sache. Geben Sie weder Tipps noch hören Sie sich ewiges Nörgeln an. Bei

Bedarf könnten Sie lakonisch sagen: »Na, da ist ja heute jemand wieder verbiestert«, »Ich glaub, du brauchst mal wieder Urlaub« oder eine ähnliche humorvolle, aber empathische Bemerkung machen. Lernen Sie, darüber zu lachen. Das verschafft Ihnen beiden inneren Abstand und Erleichterung. Kümmern Sie sich stattdessen um Ihre Angelegenheiten. Dabei werden Sie eventuell feststellen, dass Sie sich über diese Nervensäge besonders geärgert haben, weil er Ihre eigene Unzufriedenheit und Unentschlossenheit widerspiegelt. Sie haben sich an ihm aufgerieben, um nicht bei sich anfangen zu müssen. Das könnte nun Ihr Schwerpunkt werden: Ihre eigenen Ziele klären, Ihre Pläne umsetzen. Eventuell inspirieren Sie damit sogar den Zögerer und ziehen ihn mit. Aber das sollte nie Ihr Ziel sein. Er bleibt für sich verantwortlich.

Erkennen Sie seine Bewältigungskompetenz an, dass er also auch schwierige Zeiten lange durchhält und seinen Job solide erledigt, kann er Ihr Verbündeter oder sogar Freund werden. Diese Nervensäge hat sich mit den aktuellen Umständen zumindest arrangiert und weiß, was ihr hilft, wenn es ihr einmal zu viel wird (beispielsweise zum Sport gehen oder sich eine Reise erlauben). Für ihre Gedanken und Gefühle sieht sie sich weitgehend selbst verantwortlich, auch wenn sie oft nörgelt. Ihre Aufgaben erledigt sie und schafft es, sich auch Frustphasen von mehreren Jahren erträglich zu gestalten. Diese Anerkennung stärkt ihr Selbstvertrauen und den Mut, eventuell mehr als bisher zu wagen.

Fehlende Prioritäten

Hinter dem abwartenden, unentschlossenen Verhalten des Zögerers verbirgt sich vor allem Unsicherheit über den richtigen Weg. Ihm ist klar, dass er seine Situation verändern sollte und das mit ein bisschen Fleiß und Risikofreude auch könnte. Schließlich haben das andere vor ihm auch schon geschafft. Doch immer, wenn er die Vor- und Nachteile einer möglichen Entscheidung durchgeht, scheinen sie sich aufzuheben. Ergebnis: Er bleibt lieber, wo er ist. Der Grund dafür liegt in unklaren Prioritäten. Alles hat seine Vor- und Nachteile. Aber was ist ihm nun kurz-, mittel- und langfristig am wichtigsten? Das sollte er für sich überdenken und künftig nicht mehr anhand von gleichrangigen Vor- und Nachteilen entscheiden wollen, sondern anhand einer gewichteten Prioritätenliste. Beispiel: Was muss der neue Job unbedingt haben, was wäre schön, und was wäre ihm eigentlich fast egal?

Gewohnheiten überdenken

Möglicherweise vermeiden Sie selbst gelegentlich überfällige Gespräche und Entscheidungen und weichen lieber in kleine Alltagsfluchten aus. Notieren Sie dann einen Monat lang, welche Ausweichmanöver für Sie zur Gewohnheit geworden sind und was Sie das kostet, etwa der tägliche Kaffee von Starbucks, Wellness oder Kurzreisen nach stressigen Arbeitswochen. Selbst kleine Beträge addieren sich über das Jahr beträchtlich. Das zeigt Ihnen den Preis Ihrer aktuellen Strategie und kann Sie dazu motivieren, bessere Alternativen zu finden. Verwenden Sie einige Ressourcen – Zeit, Aufmerksamkeit und Geld – stattdessen für etwas, das Ihr Problem grundsätzlich angeht. Buchen Sie zum Beispiel statt des nächsten Urlaubs einmal eine Karriereberatung oder Weiterbildung, damit Sie sich bald nicht mehr über Ihren frustrierenden Job ärgern müssen und weniger Ausgleich brauchen. Lassen Sie sich dabei nicht entmutigen, wenn diese Umstellung etwas dauert. Seien Sie dabei geduldig mit sich, Sie sind auf dem Weg. Blicken Sie in einigen Jahren zurück, wird Ihnen auffallen, wie weit Sie schon gekommen sind.

Neuanfang gewagt

Meine Klientin Rahel stellte für sich fest, dass ihr unentschlossener Kollege sie vor allem aus einem Grund nervte: Er war typisch für die generelle Atmosphäre bei ihrem Arbeitgeber und zog sie deshalb als Vertreter davon herunter. Viele ihrer Vorgesetzten und Teammitglieder hatten gut dotierte Arbeitsverträge aus früheren Zeiten, fanden woanders nichts zu den gleichen Bedingungen und waren wohl auch zu ängstlich und bequem geworden. Schließlich war es deshalb Rahel, die sich veränderte: »Ich merkte, dass mich solch eine Umgebung selbst schwächer macht und ich auch so werde, wenn ich noch lange dabei bleibe.« Sie bewarb sich fast ein Jahr erfolglos, bekam dann aber eine unerwartete Zusage bei einem Start-up und nahm dafür auch ein Drittel weniger Gehalt in Kauf. »Aber ich fühle mich wieder lebendig wie in früheren Berufsjahren und setze darauf, dass ich finanziell wieder aufholen kann.« Ihr damaliger Kollege ist bis heute am alten Ort, wie sie beim gelegentlichen Blick auf sein LinkedIn-Profil sehen konnte, wechselte aber immerhin auf Teilzeit.

Kleiner Trost

Ein Trost für frustrierte Angestellte ist immerhin, dass sie sich dank trendiger Bezeichnungen wie »Great Resignation« (viele kündigen) oder »Quiet Quitting« (innere Kündigung) aus den USA heute als Teil einer neuen Avantgarde fühlen dürfen. Sogar wenn man gar nichts getan hat, außer entsprechende Artikel per E-Mail und auf LinkedIn zu teilen und zu diskutieren, ist man irgendwie schon aktiv geworden, also nicht ganz tatenlos geblieben. Ganz Verwegene posten sogar »Zehn Thesen, wie sich unsere Jobs verändern müssen« oder ein kühnes »Manifest für die Berufswelt von morgen«. Das sorgt immer für viele Kommentare, wenn auch selten für einen neuen Job. Aber gut, wenn man einmal darüber gesprochen hat! Wer eine große Vision für alle hat, wagt irgendwann vielleicht sogar den entscheidenden eigenen Schritt.

Top-Strategie gegen Zögerer: akzeptieren, dass viele so leben wollen

Vergessen Sie bei einem Zögerer die Vorstellung, dass er nur noch bestimmte Informationen oder Ratschläge bräuchte, um sich endlich zu bewegen. Oder dass es Ihre Verantwortung ist, ihn durch motivierenden Zuspruch zu unterstützen. Was er für eine Veränderung bräuchte, würde er in kürzester Zeit in Ratgebern oder mit einer Google-Suche finden, ebenso professionelle Unterstützung nach Bedarf, etwa einen Karriere-Berater. Akzeptieren Sie, dass er im Grunde halbwegs zufrieden ist, auch wenn er viel nörgelt. Daher der fehlende Antrieb, eigentlich hat er sich eingerichtet. Wenn Sie das auf Dauer stört, zeigt Ihnen das, dass Sie aus Ihrem Umfeld herausgewachsen sind und sich verändern sollten. Dann kann diese Nervensäge umgekehrt sogar Sie motivieren, weil Sie nicht so leben wollen.

NERVENSÄGENTYP 4: FÜRSORGLICHE HELFERSEELEN – GLAUBEN, DASS ES OHNE SIE NICHT GEHT

Immer für andere da, selbst wenn die das weder brauchen noch wollen: Diese Nervensäge nervt mit ihrer aufgedrängten Hilfsbereitschaft. Sie meint es gut, überlastet sich damit aber und fühlt sich oft enttäuscht.

Eine Stärke unserer Marktwirtschaft ist es, schnell auf veränderte Bedürfnisse reagieren zu können. Seit es beispielsweise kaum noch Großfamilien gibt, bietet sie Ersatz direkt am Arbeitsplatz an. Das Büro ist wohnlich eingerichtet, Freizeitkleidung erlaubt, Duzen üblich. Wer weder Freunde noch Privatleben hat, kann mittags mit dem Chef oder den Kollegen ins firmeneigene Gym und nach Feierabend in die Pizzeria. Wem Kinder fehlen, der adoptiert einfach einige zusätzliche Projekte oder zieht eigene heran. Ich habe im Laufe der Jahre viele Büros von großen Tech-Unternehmen gesehen, in denen es – neben Angeboten vom Friseur bis zum eigenen Supermarkt – Schlafmöglichkeiten und ein kleines Budget für die persönliche Dekoration des eigenen Schreibtisches gab. Da ist man auch gern noch um 4 Uhr morgens im Büro.

Zwar muss auch diese Branche nun ihre Kosten senken. Aber eventuell ziehen die verbliebenen Angestellten dann ganz ein und sparen sich so ihre Miete und die Stromkosten.

Manche Unternehmen drücken ihren familiären Anspruch herzerwärmend offen aus. Ein Hersteller für Heiztechnik, Klima- und Kühlsysteme schreibt an und über seine Belegschaft: »Jeder unserer Kernwerte – verantwortlich, teamorientiert und unternehmerisch – hilft allen Familienmitgliedern, eine persönliche Beziehung zum übergeordneten Ziel unserer Familie aufzubauen.« Sämtliche 13.000 Kollegen seien »Mitglieder einer großen, weltweiten Familie«. Das »übergeordnete Ziel« lautet übrigens: »Unsere Kultur dorthin zu bewegen und zu lenken, wo wir sie haben wollen.« Ganz, wie strenge, aber faire Eltern es ausdrücken würden.[4]

Sehnt sich danach, für andere da zu sein

Für manche Menschen ist ein gemütliches, geradezu familiäres Umfeld entscheidend für ihr Lebensglück, und zwar auch am Arbeitsplatz. Dort geben sie morgens ihren Topfpflanzen frisches Wasser, rücken Familienfotos und Erinnerungsstücke auf dem Schreibtisch zurecht und kochen sich ihren Tee. Sie begrüßen Kollegen mit Umarmungen oder Küsschen, führen den Geburtstagskalender, sammeln für Hochzeits- und Babygeschenke. So sind sie zufrieden, fühlen sich gebraucht und eingeschlossen. Es ist ihnen jedoch unbegreiflich, wenn andere das weder brauchen noch wollen, sich sogar bedrängt fühlen. Das ist Nervensägentyp 4: die fürsorgliche Helferseele. Sie sehnt sich danach, für andere da zu sein, hilft auch wirklich gerne. So fühlt sie sich anerkannt und sinnerfüllt.

---

[4]   https://www.viessmann.family/de/wie-wir-handeln/kultur-und-werte

Gleichzeitig überlastet sie sich damit regelmäßig und reagiert bissig, wenn andere nicht dankbar sind und sich beteiligen.

Die Helferseele nervt andere mit ihrer übergriffigen Fürsorglichkeit, ihrer immer zu schnell und oft ungefragt angebotenen Umarmung und Unterstützung. Das kann anderen im Moment durchaus helfen, kostet sie aber auch etwas: Eine gewisse Entmündigung aus wohlmeinenden Motiven heraus (»Ich will doch nur dein Bestes.«), die eben auch einengt und manchmal fast erstickt. So ganz uneigennützig ist diese Nervensäge eben doch nicht, wie sie es von sich selbst glaubt: Sie erwartet Dankbarkeit und Anerkennung und ist ehrlich verletzt, wenn sie ausbleibt oder zu wenig ist. Da ihr echte Konfrontation – Grenzen setzen – schwerfällt, wehrt sie sich mit zeitweisem Liebesentzug und moralischer Erpressung (»Ich sehe schon, dass ihr ohne mich besser dran seid.«) Wer das verneint, weil es so ja auch nicht stimmt und gemeint war, wird von ihr direkt wieder in die Arme genommen.

Gemeinschaft, die gar nicht jeder will

Mein Klient Stefan arbeitete seit zwei Jahren in einem Industrieunternehmen, fühlte sich dort aber noch immer fremd. »Viele Kollegen haben ihr ganzes bisheriges Berufsleben dort verbracht, seit dem Praktikum und der Ausbildung. Die meisten wohnen auch in der Region, sind also auch so miteinander vertraut.« So ging sein Team monatlich gemeinsam abends essen, mehrmals im Jahr ins Kino oder zum Bowling. Stefan dagegen war sowieso eher ein Einzelgänger, hatte einen Arbeitsweg von mehr als einer Stunde und daheim seine Frau, die auf ihn wartete. »Eigentlich war der Plan, nach der Probezeit näher an meinen Arbeitsplatz zu ziehen. Aber da sehe ich meine Zukunft nicht. Also haben wir das aufgegeben.«

Kurzprofil Helferseele (Typ 4): meint es gut, bedrängt aber andere oft

Sie rückt andere Menschen und deren Anliegen in den Mittelpunkt ihres Lebens. Das können ihr Partner oder ihr Kind sein, aber auch Chefs und Kollegen. Das tut sie nicht aus Verpflichtung, sondern aus echter Fürsorge und Liebe beziehungsweise Zuneigung. Dabei erhält sie von ihnen so viel zurück, dass ihre eigenen Probleme gar nicht mehr so bedeutsam erscheinen. Für sie fühlt es sich sinnvoll und befriedigend an, für andere da zu sein und helfen zu können. Oft lobt man sie für ihren Einsatz. Diese Anerkennung tut ihr gut. Allerdings vergisst sie, dass manche ihre Unterstützung nur zeitweise oder gar nicht wollen und auch ihre eigenen Ressourcen begrenzt sind. So überlastet sie sich oft und ist über andere enttäuscht.

Positiv gesehen: der Sonnenschein im Team

Negativ gesehen: Glucke mit Helfersyndrom

Nervfaktor: ihre Überzeugung, dass sie am besten weiß, was für andere gut ist und ohne ihre Hilfe alles schiefgehen wird

Beste Gegenstrategie: Ermutigen Sie sie, ihre Vorstellung von Helfen zu erweitern, nämlich Verantwortung auch wieder abzugeben. Das ängstigt sie erst, befreit sie aber langfristig.

Die Teamassistentin in seiner Abteilung stand für alles, was Stefan an der Atmosphäre im Unternehmen nervte. Sie hatte nie woanders gearbeitet und kannte deshalb jeden, wohnte gleich in der Nähe und schien ihre Hauptaufgabe darin zu sehen, alle glücklich zu machen. Sie pflegte den Geburtstags-, Heirats- und Nachwuchskalender, reichte Glückwunschkarten zur Unterschrift herum und sammelte Geld für kleine Geschenke. In ihrer Freizeit engagierte sie sich, wie Stefan auf ihrem Facebook-Profil gesehen hatte, für Straßenhunde von Ungarn bis Griechenland. Stefan kam sich da fast ein wenig egoistisch und schroff vor und meinte: »Vielleicht sollte sie sich ein Kind anschaffen, ehe sie weiter die ganze Welt bemuttert.« Offen gesagt hätte er das natürlich nie.

Ihn störte es, dass die Teamassistentin ihre beruflichen Aufgaben recht langsam – »alles mit der Ruhe« – erledigte und vieles noch so, wie er es bei früheren Arbeitgebern vor 20 Jahren gesehen hatte: »Sie hat sich im Grunde genommen überhaupt nicht weiterentwickelt, kennt weder die aktuelle Software noch moderne Arbeitsmethoden. Ist aber überall beliebt, weil sie so nett ist und sich um alle kümmert.« Sie spürte, dass er sich davon nicht einnehmen ließ, sondern sie im Grunde ablehnte und beschwerte sich beim Abteilungsleiter über seine Art. »Mir wurde vorgehalten, dass ich mich nicht ins Team einfüge und unfreundlich bin.«

Er wurde fachlich respektiert, hatte nach seinem letzten Jahresgespräch auch eine gute Bewertung und eine unerwartet hohe Bonuszahlung erhalten. »Gleichzeitig spüre ich, dass ich nicht dazugehöre und das eigentlich auch nicht will.« Mit seiner Teamassistentin verkehrte er oberflächlich höflich, aber distanziert. Zunehmend sah er, wie die anderen ohne ihn in die Kantine gingen und unter sich blieben, war froh darüber, fühlte sich gleichzeitig aber ausgeschlossen. »Ich passe hier nicht rein. Ich glaube, ich sollte kündigen.« Aber das erschien

ihm, als hätten seine Teamassistentin und ihre Verbündeten dann gewonnen. Als wäre er damit als Verlierer blamiert,
auch wenn gar nicht sicher war, dass die anderen so dachten.

Man ahnt, worauf man sich einlassen würde

Eine warmherzige, persönliche Atmosphäre am Arbeitsplatz
ist gar nicht so einfach zu schaffen. Ein Freund hatte sich
bei einem Baustoffkonzern beworben. Per E-Mail bedankte
sich die HR-Abteilung für die »interessante Bewerbung« und
schrieb: »Für uns zählt der Einzelne. Deshalb nehmen wir uns
Zeit, alle Bewerbungen sorgfältig zu prüfen. Wenn Sie Fragen
haben, zögern Sie bitte nicht, uns zu kontaktieren.« Innerhalb der HR-Abteilung zählte der Einzelne dann allerdings
doch nicht so viel, denn die Nachricht war anonym mit »Re-
cruiting Team« unterzeichnet. Und sie endete mit: »Dies ist
eine automatisierte E-Mail-Antwort. Bitte nicht antworten.«
Später bekam er eine Absage – und einen Tag darauf eine Ein-
ladung zum Vorstellungsgespräch. Da ahnt man schon, worauf man sich einlassen würde.

Gerade kommt es wieder in Mode, Mitarbeitern zu erlauben, ihre Hunde mit zur Arbeit zu bringen, damit Erstere von
ihren Lieben weniger lange getrennt sind und nicht pünktlich nach Hause müssen, um sie auszuführen. Ältere Berufstätige erinnern sich, dass das in den 90ern schon einmal üblich war, bald aber zu Streitigkeiten führte. Manche Kollegen
fürchteten sich, angesprungen oder gebissen zu werden. Andere fanden es eklig, über vollgesabberte Kauknochen zu stol-
pern, vergessene halbleere Büchsen Hundefutter aus dem Bü-
rokühlschrank zu entsorgen oder Haare vom Schreibtisch zu
wischen. Heute kommen noch die Allergiker dazu – und die
Katzenfront, die sich diskriminiert fühlt.

Ich hatte einmal einen Vorgesetzten, der strikt gegen die aufwendigen, schön gestalteten Pflanzkästen war, die das Unternehmen angeschafft und in allen Etagen verteilt hatte. »Die stinken«, meinte er immer wieder und rümpfte die Nase, während alle anderen ratlos dachten, dass sie nichts rochen, aber lieber nicht widersprechen wollten. Regelmäßig ging er kritisch durch die Büros, die er sonst nur wenige Male im Jahr besuchte, um die Pflanzkästen genau zu inspizieren. Schließlich gelang es ihm, das Management zu überzeugen, sie alle wieder zu entfernen. Eventuell genügte dafür ein Argument: So konnten gleich ein paar mehr Schreibtische und Schränke aufgestellt werden – Platz gespart.

Besonders bizarre Situationen ergeben sich in Unternehmen, in denen angeblich alle »befreundet« sind, wenn jemand kündigt, weil er etwas Besseres gefunden hat – oder gehen muss, weil er doch nicht klargekommen ist. Nach einigen emotionalen Umarmungen und Schwüren, auf jeden Fall »in Kontakt zu bleiben«, ist Funkstille. Nie mehr erwähnt, von den meisten innerhalb von Tagen vergessen. Das ist dann die Jobversion von »entliebt«.

Am wichtigsten, dass es anderen gut geht

Selbst empfindet sich die Helferseele als warmherzig, fürsorglich und ehrlich um andere besorgt. In einer Zeit und Welt, die ihr oft kalt und unbarmherzig erscheint, möchte sie dazu beitragen, dass es anderen besser geht. Wer etwas gebrauchen könnte – ein freundliches Wort, eine nette Geste oder praktische Hilfe – soll nicht auf sich gestellt bleiben, sondern Unterstützung erfahren. Wird ihr Einsatz anerkannt, ist sie durchaus selbst stolz auf ihren Einsatz, empfindet Lob und Dank als angemessen. Andere haben manchmal den Eindruck, dass sie ihre Hilfe oft geradezu aufdrängt, auch aus einem gewissen Drang nach Geltung und Anerkennung, andere damit entmündigt und langfristig schwächt. Selbst überlastet sie sich oft, lässt dann Frustration erkennen und wirft anderen zum Beispiel Undankbarkeit vor.

Es bringt nichts, die Nervensäge dazu anhalten zu wollen, sich einfach weniger um andere zu kümmern und ihnen zu überlassen, ihre eigenen Entscheidungen zu treffen und die Konsequenzen zu tragen. Sie würde es als verantwortungslosen Egoismus empfinden, dem man keinesfalls nachgeben sollte, und sich Sorgen machen, was alles passieren könnte. Außerdem würde sie sich schuldig und für eventuelle Folgen mitverantwortlich fühlen. »Das kann ich doch nicht machen«, würde sie besorgt sagen und gedanklich immer die schlimmsten Szenarien durchspielen, die nur sie durch ihr Eingreifen verhindern kann. »Was da alles schiefgehen kann, wenn ich nicht helfe.« Schon plant sie, was sie für den anderen tun könnte, oft ohne ihn überhaupt zu fragen, ob er das wirklich braucht und will. Wer ihr davon abrät, den würde sie für rücksichtslos, selbstsüchtig und gefühlskalt halten – und sich bald ein wenig erschrocken von ihm abwenden.

Zeigen, dass helfen nicht heißt, allen alles abzunehmen

Bei diesem Nervensägentyp kommen Sie weiter, wenn Sie sein Verständnis von Helfen erweitern. Nicht immer nur im Sinne von »alles für den anderen tun«, sondern »alles tun, damit es dem anderen gut geht«. Das kann auch bedeuten, die Helferseele zu ermutigen, ein wenig Verantwortung abzugeben. Sie können ihr zum Beispiel raten: »Manchmal hilft man anderen am meisten, wenn man ihnen nicht mehr hilft. Nur dann werden sie selbst stärker und klüger.« Damit zeigen Sie ihr auch auf subtile Weise, dass Sie sehen, dass sie selbst manchmal genervt ist, überlastet und enttäuscht wegen empfundener Undankbarkeit. Bemerken Sie Zweifel und die Sorge, was alles schiefgehen könnte, sagen Sie ihr etwas wie: »Im Notfall weiß der andere, dass er auf dich zählen kann. Halte dich nur zurück, damit er lernt, auf seine eigenen Kräfte zu vertrauen.« Ermutigen Sie gleichzeitig zu mehr Selbstfürsorge: »Nur wer auch sich selbst achtet, kann bei Bedarf auch anderen helfen.« Oder: »Man muss geben und nehmen lernen.« Bleiben Sie dabei aber immer empathisch, damit Ihr Gegenüber versteht: Sie sprechen sich nicht für Egoismus aus, sondern für Selbstfürsorge. Für erwachsene Eigenverantwortung.

Wenn Sie die echte Fürsorglichkeit der Helferseele akzeptieren, können Sie sich sogar mit ihr anfreunden. Sagen Sie dieser Nervensäge auch ruhig einmal, welche Stärken Sie an ihr zu schätzen wissen. Sie setzt sich für andere ein, damit es ihnen besser geht, und sie ist auch bereit, dafür selbst zurückzustehen und Opfer zu bringen. Das ist in einer Welt, in der doch viele nur egoistisch an sich denken, schon etwas Besonderes. Davon profitieren am Ende alle. Die Helferseele ist glücklicher und zufriedener, wenn sie das Leben anderer verbessern kann, die ihr dafür wiederum wertvolle Erfahrungen, Sinn und Anerkennung zurückgeben. Diese Anerkennung versöhnt sie mit mancher Enttäuschung (z. B. Zurückweisung, Undankbarkeit) und ermutigt sie wieder.

Emotionale Seite entdecken

Hinter dem Verhalten der Helferseele steckt ehrliches Interesse am Wohlergehen anderer – Liebe, Fürsorglichkeit und Empathie. Sie erkennt, dass es sie selbst glücklich macht, andere glücklich zu sehen. Es gibt dem Leben mehr Sinn, über sich hinauszudenken, gebraucht und anerkannt zu sein. Gleichzeitig ist es eine Herausforderung für sie, sich dabei nicht zu vergessen oder zu überlasten – oder eigene emotionale Bedürfnisse vor allem durch helfen befriedigen zu wollen. Ein häufiger innerer Konflikt ist für sie, dass ihre Zeit und Energie begrenzt sind. Ein Wochenplan kann helfen: Neben den Pflichten und dem Engagement für andere sollte sie auch feste Zeiten für sich einplanen und wer bei Bedarf entlasten könnte (zum Beispiel Nachbarin, Nanny, Putzfrau). Jede gewonnene Stunde stärkt sie.

Zeit für sich selbst

Eventuell ertappen Sie sich manchmal selbst dabei, dass Sie ständig mit anderen beschäftigt sind, während Ihre eigenen Auflagen liegenbleiben oder zu spät fertig werden. Planen Sie dann jeden Tag eine feste Zeit ein, die allein Ihnen gehört, etwa eine halbe Stunde abends, ohne Partner oder Kinder. Auch die Hausarbeit darf liegenbleiben. Nutzen Sie diese Zeit für etwas, das Ihnen Freude macht – Musik hören, lesen, ein Duftbad nehmen oder einfach nur träumen. Das hilft Ihnen, Ihre eigenen Bedürfnisse wiederzufinden und Respekt dafür einzufordern. Sie dürfen eigenen Wünschen und Interessen nachgehen. Begrenzen Sie Ihre Hilfe und geben Sie einmal übernommene Verantwortung auch wieder zurück beziehungsweise weiter. Bei eigenen Kindern dauert das länger, ist aber ein natürlicher Prozess. Aber auch bei Sonderprojekten oder privaten Ehrenämtern ist es keine Schande, sie nach einer festen Zeit wieder niederzulegen. Lassen Sie sich nicht in die Rolle drängen, selbst erst einen Ersatz organisieren zu müssen. Das ist nicht Ihre Aufgabe und Zuständigkeit.

Selbst entscheiden

Für meinen Klienten Stefan war klar, dass die Unternehmens-kultur seines Arbeitgebers nicht besonders gut zu ihm passte. »Gleichzeitig störte sie mich nicht so sehr, dass ich deswegen gekündigt hätte«, erinnerte er sich später. Er beschloss, sie zu-nächst als Gegebenheit zu akzeptieren und sich fallweise zu beteiligen, soweit er selbst wollte, sich gleichzeitig aber auch die Freiheit zu behalten, manches abzulehnen. Wenn für Ge-schenke gesammelt wurde, gab er nun wechselnde Geldbe-träge nach eigener Entscheidung, manchmal auch gar nichts. Zu Firmen- und Teamveranstaltungen ging er mehrheit-lich, behielt sich aber vor, sich früher zu verabschieden oder nicht zu kommen, wenn ihm etwas anderes wichtiger war. Ein Jahr später wechselte er zu einem größeren Unterneh-men, dessen nüchterner Stil ihm mehr entsprach. Mit seiner früheren Team-Assistentin und anderen Kollegen blieb er auf Facebook verbunden und sah, dass es für sie weiterging wie immer – jeden Monat in die Pizzeria, manchmal ins Kino oder zum Bowling. »Auf den Fotos sehe ich, dass sie damit glücklich sind.« Er selbst war dagegen froh, dass seine Welt nun anders aussah.

Praktische Hilfe

Viele Unternehmen bemühen sich redlich, ihre Mitarbei-ter ganz praktisch zu unterstützen – von kostenlosem Kan-tinenessen bis zum Betriebskindergarten. Aber manchmal kann der Arbeitgeber auch auf ganz andere einfache Weise helfen. Ich hatte schon Kollegen, die beim Dienstplan ge-nau darauf geachtet haben, an den Tagen eingeteilt zu wer-den, an denen ihre Partnerin frei hatte und somit zu Hause war. Für eine lange glückliche Beziehung kann es vorteilhaft sein, sich nur zu ausgewählten Zeiten daheim zu begegnen und lieber schöne Freundschaften am Arbeitsplatz zu pflegen. Böswillige sagen, dass sich viele Männer auch der Hausarbeit und Kindererziehung durch Flucht ins Büro entziehen. Aber das ist natürlich falsch, sie wollen im Gegenteil nicht im Wege stehen.

Top-Strategie gegen Helferseelen: ermutigen, auch an sich zu denken

Lehnen Sie es nicht sofort ab, wenn die Helferseele etwas für Sie tun will oder einfach nur nett sein will. Das verletzt sie nur unnötig und bringt sie gegen Sie auf, was Ihnen mehr schadet als nützt, zumal sie eine gute Verbündete für den Notfall sein kann. Bedanken Sie sich für Ihr Engagement. Damit machen Sie sie schon zur Hälfte glücklich. Entscheiden Sie danach fallweise, welche Angebote Sie wahrnehmen und auf welches Sie freundlich verzichten, ohne sich dafür weiter zu rechtfertigen. Erkennen Sie Ihr Interesse an, für andere da zu sein. Ermutigen Sie sie aber auch gelegentlich, ebenso an sich zu denken, damit sie selbst stark bleibt und anderen helfen kann. Sie wird Ihnen dankbar dafür sein, dass auch einmal jemand ihre Sicht versteht und an ihre Bedürfnisse denkt.

NERVENSÄGENTYP 5: ÜBERMOTIVIERTE PROBLEMLÖSER – SO EFFEKTIV, DASS SIE VIELES NICHT MEHR MITKRIEGEN

Das eigene Leben als unendliche To-do-Liste: Diese Nervensäge nervt mit ihren Aktionsplänen, Prioritäten und Methoden. Zwar schafft sie damit wirklich mehr als andere, verpasst aber Spontanität, Spaß und Genuss.

Es mag Zeiten gegeben haben, in denen sich Männer im schwierigen mittleren Lebensalter ein Porsche-Cabrio oder eine Harley Davidson für die Durchquerung des amerikanischen Westens gekauft haben. Das wäre heute zu materialistisch und genussfreudig. Am Ende isst der Betreffende noch ein Steak, trinkt Whiskey und raucht eine Zigarette. Lieber zwängt er sich daher nun in eine Hightech-Laufhose (»hochauflösende Textur, ultra-präzises Body Zoning, patentiertes 3-D-Klimasystem«) und trainiert für einen Marathon. Er schaut dabei mit den glühenden Augen des Asketen auf seine Apple Watch, ob Puls und Sauerstoffsättigung des Blutes im »optimalen Bereich« sind. Wenn ja, überzieht ein Lächeln sein hageres Gesicht und er rückt seine Kopfhörer zurecht, die die »Running Playlist« von Spotify wiedergeben.

Leider sind solche Läufe einsam, wenn man nicht als ehrgeiziger Vorgesetzter wenigstens einige Kollegen zu gemeinsamen Runden motivieren kann. Nur die wenigsten haben eine Partnerin, die ebenfalls bei Wind und Wetter über verlassene Landstraßen rennen will, anstatt in der kuschlig warmen Wohnung bei einem Glas Rotwein eine Netflix-Serie zu schauen. Aber gerade daraus zieht unser Leistungsträger seine Befriedigung: »Wann immer du etwas ernsthaft verändern willst, musst du als Erstes deine Standards erhöhen«, hat schon Tony Robbins gesagt. »Der Weg zum Erfolg führt über massives, entschlossenes Handeln.« Also das nächste Mal vielleicht gleich einen Double-Ultra-Triathlon?

Stresst mit seinem Drang, ständig etwas zu bewegen

Gelegentlich treffen wir auf Menschen, die so gut organisiert sind, wie wir es alle gerne wären, und die so logisch und konsequent handeln, wie wir es eigentlich auch gern tun würden. Ihre To-do-Listen sind abgearbeitet, ihre Projektordner aufgeräumt, ihre Kalender gepflegt. Sie halten ihre Abgabefristen ein oder verschieben sie gut begründet. Auch ihre Gesundheits- und Fitnessziele erreichen sie, indem sie ihren Ernährungs- und Trainingsplänen tatsächlich folgen. Gleichzeitig erscheint ihr Leben aber auch oft recht eng, kontrolliert und freudlos. Das ist Nervensägentyp 5: der übermotivierte Problemlöser. Er ist effektiv, erreicht damit vieles, verpasst aber auch so manches. Andere nervt er mit seiner selbstgewissen Überzeugung, dass es für alles eine Methode, Technik oder »Tools« (Werkzeuge) geben müsse. Dabei entgeht ihm, dass sich die meisten ein anderes Leben wünschen – mit mehr Spontanität, Spaß und Genuss.

Kurzprofil Problemlöser (Typ 5): Motivator, der sich und andere fordert

Er ist außergewöhnlich gut organisiert, selbstbeherrscht und nimmt nur wenig persönlich. Stattdessen konzentriert er sich darauf, unter den gegebenen Umständen (zum Beispiel aktuelles Team, Budget) das Beste herauszuholen. Um das zu erreichen, studiert er Fachbücher und -medien, liest Management-Blogs, nutzt Webseiten und Apps für mehr Effizienz. Damit ist er besonders zielorientiert, pragmatisch und besseren Ideen gegenüber offen. Mit seinem hohen Anspruch motiviert er sich und andere, neigt aber auch dazu, zu viel zu erwarten und zu fordern. Das macht ihn anfällig für Enttäuschungen und eigene Erschöpfung. Seine rationale Intelligenz ist hoch, seine emotionale Intelligenz (Empathie) ausbaufähig.

Positiv gesehen: inspirierender Motivator

Negativ gesehen: übergriffiger Mikromanager

Nerv-Faktor: seine extrem fokussierte, damit auch enge Sicht und der subtile Druck auf andere, die sein Vorbild an ihre Unzulänglichkeiten erinnert

Beste Gegenstrategie: Lernen Sie von ihm, was für Sie sinnvoll und verkraftbar ist, aber setzen Sie auch Grenzen. Das macht ihn stolz, hält ihn aber auf Abstand.

Typisch für ihn ist der ewige Aktionismus und seine Entschlossenheit, alles »lösungsorientiert« und pragmatisch anzugehen. Selbst nimmt er sich da nicht aus, sondern fordert im Gegenteil zuerst von sich mehr als von Kollegen oder Mitarbeitern. Allerdings will er sich selbsterklärend schon als Vorbild verstanden sehen, dem nachzueifern ist. So ganz freiwillig ist das also nicht. Dabei gibt es auch Menschen, die gar nicht immer alles sofort »strukturiert«, »priorisiert« und »gelöst« haben wollen, sondern vor allem über etwas sprechen, nachdenken und es auf sich wirken lassen. Dieser emotionale und soziale Bedarf überfordert allerdings die Vorstellungskraft des Problemlösers ebenso wie die Tatsache, dass andere eventuell nicht so leistungsstark oder -willig wie er sind. Er kann es sich nur mit fehlender Motivation, Willensschwäche oder Unlust erklären. Hier zeigen sich ein Mangel an Empathie und überzogene Erwartungen an sich und andere, was ihm manchmal erst auffällt, wenn er selbst in der Burn-out-Therapie ist.

Ein Anspruch, der andere überfordert

Hier fällt mir meine Klientin Janina ein, die es schon aufregte, wenn sie ihren Abteilungsleiter nur im Konferenzraum sitzen und sie erwartungsvoll anstrahlen sah. Selbstverständlich war er immer vor ihr da und wirkte so frisch, als hätte er vor ihrem Termin noch Zeit gefunden, eine Runde um das Betriebsgelände zu joggen, zu duschen und ihr Gespräch vorzubereiten. Sie hatte es, wenn er ihr Treffen mal wieder für 8 Uhr angesetzt hatte, vielleicht gerade so geschafft, ins Büro zu huschen und sich noch einen Kaffee zu holen. Er hatte schon seinen Laptop aufgeklappt, einen Stift in der Hand und einen Notizblock vor sich. »Geht's gut?«, fragte er sie, lächelte sie an und rief dabei schon seine Präsentation auf. »Fangen wir an!

Trug sie ihre Punkte vor, schien er jeweils nur darauf zu warten, bis sie ihren Satz beendet hatte. Dann – es passierte jedes Mal – skizzierte er auf seinem Block eine Matrix, die ihre Probleme »strukturierte«. Oder drei Kreise, die sich überschnitten, und – nach Beschriftung aller Flächen – einen »Aha-Moment« enthüllten. »Das rückt die Sache doch gleich in eine ganz andere Perspektive, oder?« Lange hatte sie überlegt, was sie daran genau nervte. Eigentlich war sie schließlich auch dafür, überlegt und geordnet zu arbeiten. Doch hätte sie zuvor gern erst ihre Gefühle, Unsicherheiten und Zweifel besprochen, ohne dass es immer sofort eine praktische Lösung geben musste. »Er gibt mir das Gefühl, als wäre ich eine völlige Chaotin.« Mit jedem Tipp wuchsen ihre Selbstzweifel.

Sie spürte einen unausgesprochenen Druck, methodischer und besser organisiert zu arbeiten. »Bei meinen früheren Arbeitsstellen hat es immer gereicht. Jetzt merke ich gewisse Grenzen, auch wenn mich das selbst ärgert und ich das nicht gern zugebe.« Sie hatte sich vieles selbst angeeignet, erst spät berufsbegleitend einen FH-Abschluss nachgeholt. »Aber gegenüber denen, die schon mit Anfang 20 auf der Uni waren, bin ich immer im Nachteil.« Zwar wusste sie, dass sie respektiert und geschätzt wurde, auch von ihrem Vorgesetzten. »Es ist mir jedoch peinlich, dass ich vieles nicht genau weiß und mir von einem inzwischen jüngeren Chef sagen lassen muss«, meinte sie. Zwar erklärte er alles geduldig, bei Bedarf auch mehrmals, schickte ihr Dokumentationen und To-do-Listen. »Aber manchmal kommen auch schon Sprüche wie: ›Wenn du nicht klarkommst, dann strukturiere ich dich eben‹.« Das klang für sie schon fast nach einer Drohung.

Sie fühlte sich eingeschüchtert und war sich nicht sicher, ob sie für die aktuelle Stelle nicht wirklich unterqualifiziert war: »Entweder mache ich noch einmal eine Weiterbildung, oder ich schaue, dass ich in eine Abteilung wechsle, in der ich allein klarkomme. Ich will nicht ständig den Druck oder das Gefühl haben, dass mich jemand an die Hand nehmen muss.«

Die Weltsicht der Theoretiker bringt auch nicht viel

Wenn ein Dozent, Berater oder Stratege eine angebliche Zeitenwende – »immer schneller«, »unsicherer« – begründen will, behauptet er, dass wir schließlich jetzt in einer »VUKA«-Welt leben. Die Abkürzung steht für: Volatilität, Ungewissheit, Komplexität und Ambiguität. Sie kam vor 30 Jahren in den USA auf, wird aber bis heute als Neuheit gehandelt. Fällt der Begriff in einem Vortrag oder Seminar, schaudert das Publikum genussvoll und tauscht untereinander stolze Blicke aus: »In solch gefährlichen, nie dagewesenen Zeiten leben wir also!« Dann geht es mit Bus, Bahn oder Auto entspannt wieder nach Hause.

Tatsächlich waren alle früheren Jahrhunderte trotz Kriegen, Hungerkatastrophen und der Pest ein Spaziergang gegenüber dem, was man zwischen Großraumbüro, ferngeheizter Wohnung voller Haushalts- und Elektronikgeräte und dem nächsten Urlaub durchmachen muss. Mein Großvater lebte beispielsweise in der stabilen, sicheren und vorhersehbaren Zeit zwischen 1915 und 1970. Zwar verlor er schon als Kleinkind seinen Vater im Ersten Weltkrieg, wuchs in Weltwirtschaftskrise, Inflation und NS-Diktatur auf, die direkt in den Zweiten Weltkrieg führte, und fand sich danach im Machtbereich der Kommunisten wieder, ganz zu schweigen davon, dass er nebenbei noch arbeiten musste, in seinem Fall als Kraftfahrer. Aber ich bin sicher, dass er heute denken würde: »Zum Glück mussten wir nicht die VUKA-Welt mitmachen!«

Will sagen: Ein Großteil der Thesen, Modelle und Methoden, von denen man hört und liest, ist lebensfremder Unfug oder etwas, das bestenfalls Theoretiker begeistert. Man denke beispielsweise an die »Teamrollen« nach Meredith Balbin von 1981[5]: Es gibt genau neun Rollen – Ihr Pech, wenn Ihr Team mehr oder weniger Leute hat oder keiner davon »Wegbereiter«, »Koordinator« oder »Beobachter« ist. Motivationsfaktoren? Ja, sie können »intrinsisch« (aus der Tätigkeit oder sich heraus) oder »extrinsisch« (von außen) sein, was aber sonst? Das gilt auch für all die grafischen Darstellungen, wie sie in Präsentationen nur so wuchern. All die Kurven, Kreis- und Balkendiagramme und Matrizen sehen gut aus, sind aber eventuell nur schön illustrierte alte oder falsche Daten. Praktiker werden da sofort misstrauisch.

Wenn gar nichts mehr geht, verbergen erfahrene Theoretiker ihre Ideenlosigkeit oder praktische Unerfahrenheit, indem sie Uralt-Themen einfach unter dem englischen Begriff präsentieren, als wären sie damit neu. Ein altbekannter Organisationstipp wird so zum genialen »Lifehack«, die Einstellung zum »Mindset«, die Angst, etwas zu verpassen, zur »Fear of Missing Out«. Schon steht man als »Trendscout« da! Weibliche Führungskräfte können sich erst über »Mansplaining«, dann über »Stealthing« ärgern, schließlich »Regretting Motherhood« ansprechen. Schließlich hatte bisher nie jemand einen rechthaberischen Mann, Verhütungspannen und Kinder, die man manchmal lieber nicht gehabt hätte. Daher schnell einen LinkedIn-Beitrag dazu!

Wenig Verständnis, dass nicht jeder seine Ziele teilt

Der Problemlöser empfindet sich als lösungsorientiert und mit einem sportlichen Wettkampfgeist ausgestattet. Analytisch im Herangehen, pragmatisch in der Umsetzung, sich

---

[5] Siehe: R. Meredith Belbin: *Management Teams: Why they succeed or fail.* 2. Auflage. Butterworth Heinemann, Oxford 2003

nie zu schade, selbst mit anzupacken. Er beobachtet, dass ihn viele für seine enorme Leistungsfähigkeit bewundern, sich von seinem Enthusiasmus anstecken lassen und in ihm ein professionelles und persönliches Vorbild sehen. Umso unerklärlicher ist es ihm, dass sich einige offen oder durch passiven Widerstand (»Dienst nach Vorschrift«) widersetzen und nicht mitreißen lassen. Andere haben dagegen den Eindruck, dass er sich ständig selbst überfordert und von anderen wie selbstverständlich erwartet, es ihm gleichzutun. Außerdem scheint es ihm unbegreiflich, dass nicht jeder die gleichen Prioritäten im Leben hat und beispielsweise Familie, Freunden oder Hobbys einen höheren Stellenwert zuordnet.

Nicht sofort abwehren, stattdessen von ihm lernen

Wenig bringt es, seine Vorschläge sofort abzuwehren. Sie sind grundsätzlich richtig und durchdacht, zusätzlich auch an sein Gegenüber angepasst. Verweigern Sie sich, ist ihm das unbegreiflich. Als einzige Erklärung kommen ihm fehlende Motivation, noch zu wenig Wissen und Erfahrung oder ein Mangel an Ehrgeiz in den Sinn. Dass andere nicht so können oder wollen wie er, weil sie in Profil und Prioritäten anders sind, liegt meist ganz außerhalb seines Verständnisses. So enden Diskussionen mit Nervensägentyp 5 oft mit einer gewissen Sprachlosigkeit: Wenn er Ihnen all seine praktischen Empfehlungen (Praktiken, Methoden) gegeben hat, aber damit nicht weitergekommen ist, fällt ihm nichts mehr ein. Bald wird die Beziehung eisig. Er zieht sich zurück oder versucht subtil, aber immer fair, sie loszuwerden (zum Beispiel durch eine andere Aufgabe, interne Versetzung).

Beim Problemlöser kommen Sie weiter, wenn Sie seinen Blick dahingehend erweitern, dass nicht alle so leistungsstark und engagiert sind wie er – und das weder möglich noch notwendig ist. Die Welt braucht immer auch Menschen, die »Dienst nach Vorschrift« machen, dafür Routineaufgaben erledigen, bei denen sich andere langweilen und bald abwenden würden. Die »Stars« eines Unternehmens sind gleichzeitig teuer, anspruchsvoll und wollen mit entsprechenden Aufgaben betraut werden, die es allerdings nicht immer gibt. Sonst kündigen sie irgendwann, denn sie finden schnell wieder etwas Neues. Erklären Sie ihm das also gelegentlich, aufgrund seiner Intelligenz und seines Pragmatismus wird er das verstehen und seine Ansprüche an andere etwas differenzieren. Erinnern Sie ihn danach daran, dass er selbst auch Lebensphasen haben wird, in denen er beruflich oder privat weniger als sonst leisten kann, beispielsweise während einer Familiengründung oder -erweiterung, einer berufsbegleitenden Weiterbildung oder Erkrankung. Lenken Sie seine Energie schließlich auf diejenigen im Team, die besondere Aufmerksamkeit und Förderung wollen und verdienen. Hier könnte er als Mentor aktiv werden, anstatt andere zu bedrängen. Wirklich etwas bewegen statt zu nerven.

Mit ihrem Pragmatismus und anderen hilfreichen Stärken kann diese Nervensäge durchaus zu Ihrem Verbündeten werden. Sie spricht offen und ehrlich interessiert mit jedem und gibt ihren Mitmenschen damit auch bei einem kurzen Kontakt das Gefühl, geschätzt zu werden. Auch anspruchsvollste Aufgaben erledigt sie mühelos, Es fällt ihr leicht, Probleme logisch zu durchdenken und geordnet anzugehen. Das macht sie sehr effektiv. Gleichzeitig wird sie allgemein geachtet und respektiert und findet deshalb immer viele Unterstützer. Diese Anerkennung beseitigt ihre heimlichen Selbstzweifel und bestärkt sie in ihrem Weg.

Emotionale Seite entdecken

Hinter dem Verhalten des Problemlösers steckt ein ganz pragmatisches und sehr lösungsorientiertes Herangehen: sich darauf zu fokussieren, was gut funktioniert – und zwar für alle. Er hat selbst erkannt, dass er viel Zeit und Kraft spart, wenn er die Dinge nicht zu persönlich nimmt und sich nicht lange mit Kritik aufhält. Allerdings musste er oft auch feststellen, dass nicht jeder diesen Ansatz teilt. Der Grund dafür liegt darin, dass er selbst sehr intellektuell und analytisch an die Dinge herangeht: Wo liegt das Problem, was kann getan werden? Andere wollen erst für sich klären und ausdrücken, was sie fühlen. Beziehungen profitieren jedoch sehr davon, wenn sich diese emotionale Perspektive auch dem Problemlöser erschließt. Ein Gesprächskreis oder Workshop ist ein gutes Format dafür, am besten sogar außerhalb des Betriebes.

Mehr delegieren

Es ist gut möglich, dass auch Sie selber eher engagiert und pragmatisch an Ihre Arbeit herangehen, während andere nicht so mitziehen. Achten Sie in diesem Fall darauf, mehr berufliche und auch private Aufgaben zu delegieren. Wenn Sie zum Beispiel in einem gemeinsamen Projekt bisher alle entscheidenden Aufgaben selbst definiert und kontrolliert haben, übergeben Sie bewusst an andere, die jünger, unerfahrener oder weniger engagiert sind. Das ist weniger als sofortige Erleichterung für Sie gedacht, sondern gibt den anderen die Chance und den sanften Druck, sich mit Ihnen zu entwickeln. Mittelfristig entlasten Sie sich damit und multiplizieren Ihre Kräfte. Sie werden dadurch noch effektiver. Nehmen Sie sich zudem gelegentlich Zeit, sich in die Perspektive von Menschen hineinzudenken, die weniger kraftvoll und aktiv als Sie sind. Nicht, um sie zu verändern (das ist deren Aufgabe), sondern um derartige Aspekte in sich selbst kennenzulernen und ihren Wert für bestimmte Lebensphasen zu sehen. Insbesondere die Fähigkeit, auch einmal etwas geschehen zu lassen, schützt Sie vor Überlastung und einem langfristigen Ausbrennen.

Unerwartet befördert

Janinas Problem löste sich unerwartet von selbst. Der Chef meiner Klientin berief eines Tages ein Meeting ein und teilte den Kollegen mit, dass er sich entschlossen habe, sich selbstständig zu machen. Er würde weiterhin mit dem Unternehmen zusammenarbeiten, nun aber als freier Berater. »So ganz werdet ihr mich also nicht los«, sagte er und zwinkerte in die Runde. Die Kollegen lachten, klangen froh und erleichtert. Sein Stellvertreter übernahm die Position und war, wie sich nach einigen Monaten zeigte, ein freundlicher, kompetenter, aber deutlich durchschnittlicherer Chef. Janina ertappte sich dabei, dass sie gelegentlich an seinen Vorgänger zurückdachte und überlegte, was er sie wohl gefragt und wie er entschieden hätte. Manchmal malte sie nun selbst eine Matrix oder Kreisdiagramme, legte Flussdiagramme, Konferenzagenden und Ablaufpläne an und musste darüber lächeln, dass sie sich früher darüber aufgeregt hatte. Schließlich wagte sie es, bewarb sich als stellvertretende Teamleiterin und bekam die Stelle auch. »Er hat mich zu einer besseren Mitarbeiterin gemacht. Ein besseres Kompliment kann man einem Chef nicht machen.«

Genug echte Probleme

Auf der Plakatwerbung einer Versicherung las ich einmal: »Wussten Sie, dass Sie mit dem Lecken einer Briefmarke 3,9 Kalorien aufnehmen?« Ich dachte: »Leckt mich doch, Marketing mit Wissenshappen ist so 2000er-Jahre.« Damals hatten wir keine echten Probleme und mussten uns selbst welche suchen. »Fun Facts«, »Gehirnjogging«, unnützes Wissen aus *Schotts Sammelsurium,* dem *FOCUS* oder der *Wer wird Millionär?*-App. Dank der Politik ist das nicht mehr notwendig. Jetzt sind wir alle ausreichend mit echten Schwierigkeiten versorgt, über die wir uns die nächsten zehn Jahre den Kopf zerbrechen können. Hier können wir dann froh sein, wenn es neben all den Theoretikern zumindest noch einige entschlossene Praktiker gibt.

Top-Strategie gegen Problemlöser: von ihnen lernen, Grenzen zu setzen
Grundsätzlich sollten Sie dem Daueroptimierer dankbar sein. Er kann Ihnen ein guter Lehrer sein, auch wenn ihm Grenzen und eine gewisse Empathie fehlen. Schauen Sie sich also seine Organisation, Methodik und Werkzeuge (Webseiten, Apps) unter dem Kriterium an, was für Sie jetzt hilfreich und machbar sein könnte. Sprechen Sie gleichzeitig aus, was Sie aktuell nicht können oder wollen: »Vielen Dank, das wird mir jetzt zu viel. Ich mache mir eine Notiz und komme darauf zurück, wenn ich das verarbeiten kann.« Damit zeigen Sie generelles Interesse, aber auch realistische Ressourcenplanung – in dem Fall bezogen auf Ihre Kapazitäten, etwas aufzunehmen und umzusetzen. Sie werden sehen, dass er sich bei dieser Ansprache auch zurücknehmen und Ihnen Ihr Tempo lassen kann.

NERVENSÄGENTYP 6: SELBSTGERECHTE WELTVERBESSERER – FÜR ALLE DA, SO LANGE ES SIE SELBST NICHTS KOSTET

Andere belehren, selbst nicht daran halten. Diese Nervensäge nervt mit ihrer Scheinheiligkeit und Überheblichkeit, mit der sie vor allem ihr eigenes schlechtes Gewissen erleichtert. Dabei hat sie gute Absichten.

Vor drei Jahren saß ich mit einer Freundin, die leitende Kommunikationsmanagerin bei einem Digitalkonzern ist, im Café. Seit mehreren Jahren pendelte sie bereits zwischen ihrem Wohnort und der Unternehmenszentrale im Ausland – montags mit dem Flugzeug hin, freitags zurück. Entsprechend unterhielten sie und ihr Ehemann zwei Wohnungen. Ihre Urlaube verbrachten sie mit aufwendigen Reisen, von Safaritouren in Namibia bis hin zu Genuss- und Wellnesswochen in kalifornischen Weingütern. »So kann es nicht weitergehen«, sagte diese Freundin nachdenklich zu mir. »Wir müssen mehr auf unseren Planeten achten und alle umdenken, wie Greta sagt. Mir war die Umwelt ja auch schon immer sehr wichtig.«

Ich sah sie verblüfft an – unsicher, ob es sich bei ihr nicht um Ironie handelte, die sie gleich auflösen würde: »War nur ein Witz, wir haben schon die nächsten Ferien gebucht – diesmal Inselhopping in Samoa mit einem wunderbaren Schiff.« Aber nein, sie meinte es ernst: »Ich verstehe nicht, wieso du zögerst«, hörte ich stattdessen und sah, wie sie sich aufsetzte und mich ein wenig verkniffen ansah. »Ist dir unsere Zukunft denn egal? Wir müssen doch jetzt alle unseren Beitrag leisten!« Ich bestätigte eilig, um uns nicht das gemeinsame Frühstück zu verderben. Im Folgejahr später buchte sie, nun zermürbt vom Corona-Lockdown, der auch ihr berufliches Pendeln unterbunden hatte, eine Weltreise, denn in ihrer Hauptwohnung mit 240 Quadratmetern war es für sie und ihren Mann »nicht mehr auszuhalten«.

Idealvorstellungen, die kaum umsetzbar sind

Bei manchen Menschen liegen Reden und Handeln besonders weit auseinander, ohne dass ihnen das selbst bewusst ist. Sie haben gute Absichten und hohe ethische, geradezu idealistische Maßstäbe, die sie allerdings vor allem auf andere anwenden. Sich selbst sehen sie davon ausgenommen, weil sie ja bereits durch ihre moralische Führung vorangehen, etwa ein »Zeichen setzen«, das ihnen angenehmerweise auch Beifall einbringt und für sie ansonsten folgenlos bleibt. Das ist Nervensägentyp 6: der selbstgerechte Weltverbesserer. Er ist entschlossen dafür, dass die Welt besser werden soll, so lange es ihn nichts weiter kostet. Andere nervt er mit seiner selbstgerechten Pose, die häufig recht scheinheilig und heuchlerisch erscheint. Dabei erleichtert er damit vor allem sein schlechtes Gewissen und leidet selbst darunter, dass seine Idealvorstellungen praktisch kaum umsetzbar sind.

Kurzprofil Weltverbesserer (Typ 6): Idealist mit Tendenz zum Abheben

Er fühlt sich mit allen Menschen und der Welt insgesamt verbunden und ist sich sicher, dass sein Handeln einen Einfluss auf andere hat, und verhält sich entsprechend. Er kauft beispielsweise Bio- und Fair-Trade-Produkte, unterstützt Greenpeace und BUND in der Überzeugung, damit insgesamt etwas zu verbessern. Ihm ist klar, dass jeder seine Probleme hat und Hilfe braucht, was er auch gern unterstützen will. Festlegen oder gar einschränken will er sich dabei aber nicht. Beispiel: Er bezahlt zwar den CO_2-Zuschlag, der ihn sowieso nicht schmerzt, aber er verzichtet nicht auf die nächste Flugreise. Manche halten ihm deshalb Abgehobenheit und unpraktikablen Idealismus vor, was ihn verletzt.

Positiv gesehen: ambitionierter Visionär

Negativ gesehen: scheinheiliger Heuchler

Nerv-Faktor: sein moralisches Überlegenheitsgefühl, das nicht immer durch seine eigenen Taten gerechtfertigt ist

Beste Gegenstrategie: Machen Sie ihn auf die praktischen Schwierigkeiten und Folgen seiner idealistischen Ideen aufmerksam. Das erdet ihn auf gute Weise.

Typisch für ihn ist sein abgehobener Moralismus mit Weltverbesseranspruch, während er gleichzeitig oft recht egoistisch handelt. Selbst mag er sich keine echten Einschränkungen zumuten und belässt es deshalb gern bei »Gesten«, »Signalen« und »Botschaften«, die gut ankommen und ihn wenig kosten. Die anderen sollten sich dagegen mal nicht so anstellen und bereit sein, für die selbsterklärte gute Sache ihre Opfer zu bringen. Wer das nicht einsehen will, den behandelt er gern wie ein störrisches, uneinsichtiges Kind, dem man es »besser erklären«, das man »mitnehmen« oder notfalls zwingen muss. Selbst glaubt er sich erleuchtet und auf der richtigen Seite und kann deshalb, trotz seiner erklärten theoretischen Menschheitsliebe und Achtsamkeit, arrogant werden: »Du bist wahrscheinlich noch nicht so weit!« Als selbst erklärter »Empath«, der sonst ständig »Was macht das mit dir?« fragt und ein Buddha-Zitat aus dem Yogakurs bereit hat, wird er bei Widerstand plötzlich sehr bissig.

Chefs, die in höheren Sphären schweben

Ich erinnere mich hier an einen Klienten namens Patrik, der immer ernüchterter wurde, je besser er seine Geschäftsführerin kennenlernte. Sie leitete die Werbeagentur, bei der er als Texter angestellt war. Hätte er nur die Aufkleber auf ihrem Computer gesehen – »Fridays for Future«, »Systemwandel statt Klimawandel« –, hätte er sie weiterhin für eine engagierte Umweltschützerin gehalten. Nun wusste er allerdings, dass sie sich mit ihrem Partner eine Wohnung teilte, die dreimal so groß war wie seine, daneben ein Ferienhaus in Dänemark unterhielt und ihre Urlaube – meist »Yoga-Retreats« – in Kalifornien, auf Bali oder in Indien verbrachte. Theoretisch war sie auch für Lastenräder, fuhr aber doch regelmäßig mit dem sportlich ausgestatteten Audi-Geländewagen vor, den ihr Vater ihr zum 35. Geburtstag geschenkt hatte.

Ähnlich zwiespältig empfand Patrik die Zusammenarbeit. Zwar war seine Chefin wirklich freundlich und betonte die »achtsame Atmosphäre«, das »selbstbestimmte Arbeiten« und die »kollegiale Atmosphäre«. Gleichzeitig neigte sie zu bestimmten, detaillierten Anweisungen, wenn sie dabei auch lächelte und bewusst Worte wählte, die nach freier Entscheidung und Kooperation klangen. »Ich möchte dich dazu einladen« hieß am Ende trotzdem: »Wird so gemacht.« Die »Selbstbestimmtheit« sah so aus, dass sie ihre Wochenenden in Dänemark oft spontan verlängerte und das Team per E-Mail und Telefon mit Aufträgen eindeckte: »Teilt euch das einfach selbst ein, wie es gerade geht, solange es nur erledigt wird.«

Schon das Vorstellungsgespräch war holprig gewesen. So wollte sie ihm weder ein genaues Stellenprofil geben noch näher eingrenzen, wer ihn intern alles beauftragen dürfte: »Titel sind uns hier gar nicht so wichtig. Wir sind ein ganz offenes Team und haben eigentlich gar keine Hierarchien.« Patrik dachte ein wenig verbittert: »Das sagt sich leicht, wenn man selbst die Geschäftsführerin ist und am meisten verdient.« Er war allerdings mangels einer Alternative froh, dass er den Job schließlich doch bekam, obwohl das Gehalt nur mäßig war.

Doch bald ärgerte er sich nur noch: Seine Chefin war nie da, die Arbeit kaum organisiert und immer zu viel. Seine Vorgesetzte schwebte erkennbar in anderen Sphären. So verkündete sie zum Ende eines Jahres, dass es diesmal keine Geldprämien gebe. Stattdessen habe sich die Firma im Namen aller für Baumpatenschaften im Gegenwert entschieden: »Das ist sicher auch in eurem Sinne und passt zu unseren Nachhaltigkeitszielen.« Patrik war empört. Er hätte das Geld gebraucht, sagte aber nichts, denn die anderen Kollegen klatschten. Wie sie wirklich dachten, war nicht zu erkennen. Für ihn aber war klar, dass er wechseln würde.

Moral-PR in eigener Sache geht schnell schief

Wir leben alle in moralisch höchst anspruchsvollen Zeiten. Die *Berliner Zeitung* berichtete liebevoll über einen Schönheitschirurgen mit eigener Praxis und dessen Partner, einen ayurvedischen Yoga-Lehrer.[6] Die Tierschutzorganisation PETA hatte sie ausgezeichnet, weil sie ihre 120 Quadratmeter große Architektenwohnung mit Sauna und »Küchenblock aus grünlichem Quarzit« komplett vegan eingerichtet hatten, also ohne Leder, Wolle und Seide. »Im Wohnzimmer des Paares, direkt vor Ester Bruzkus' fantastischem Kamin-Design [...] liegt nun ein handgeknüpfter Teppich mit charmantem Farbverlauf. Er besteht aus botanischer, also rein pflanzlicher Seide.« Man habe ihn bei Spezialisten in Portugal bestellt.

Es gäbe inzwischen ja »für alles gute, hochwertige und tierleidfreie Alternativen«, referierte das Paar über einen nachhaltigen und klimafreundlichen Lebensstil, während es gleichzeitig auf Instagram seine letzten Reisen nach Key West, Mykonos und Singapur zeigte. »Gerade im hochwertigen Bereich sind Teppiche fast immer aus Seide, bei Vorhängen ist meist Wolle mit drin.« Wer seine 65 Quadratmeter in Randlage da noch immer bei Ikea und XXXLutz einrichtet, hat die Zeichen der Zeit nicht verstanden, auch wenn er sich nur Gardinen und Teppiche aus Kunstfaser leisten kann und bestenfalls einmal im Jahr nach Spanien fliegt.

Musik-Milliardärin Madonna musste sich auf dem Höhepunkt der Coronakrise in einem Milchbad mit eingestreuten Rosenblättern filmen lassen. Es sei egal, wie reich oder wie berühmt man sei, wisperte sie so aus ihrer Villa in Beverly

---

[6]   *Berliner Zeitung*, »Leben ohne Leiden: Diese Berliner Wohnung wurde komplett vegan eingerichtet«, 23. Juli 2022, https://www.berliner-zeitung.de/mensch-metropole/leben-ohne-leiden-diese-berliner-wohnung-wurde-komplett-vegan-eingerichtet-li.248742

Hills auf Instagram, erkennbar frisch mit Botox und Fillern geglättet. »Es [der Virus, Anm. d. Aut.] ist der große Gleichmacher.« Im Hintergrund brannten Kerzen und spielte leise Klaviermusik. Wegen des Virus sei sie sehr nachdenklich geworden: »Und was so schrecklich daran ist, ist auch so großartig daran.«[7] Wer wollte sich da noch, wenn auch selbst mit nur zwei Zimmern, Dusche und Kurzarbeitergeld, noch beklagen? Wahrscheinlich noch nicht mal ihr Kamerateam.

An moralistisches Besserverdiener-Gesülze aus der Chefetage ist inzwischen jeder Arbeitnehmer gewöhnt. »Wenn wir mit dem Jenseits beginnen, gibt es keine Grenzen dafür, wie weit wir die Welt voranbringen können«, schrieb beispielsweise die Boston Consulting Group in ihrem Karriere-Newsletter. Wie nun überall, wolle man gleich die Gesellschaft und den Planeten besser machen. »Das Jenseits ist der Ort, an dem wir transformieren, innovieren und die Zukunft bauen. Hier überwinden wir Grenzen und greifen über Grenzen.« Wer sich das durchlas, verstand aber auch, dass in diesem Jenseits die Gedanken und Worte ihre letzte Ruhe gefunden hatten, denen ein ehrliches Leben nicht vergönnt war. In der Praxis bedeutet derartige PR-Prosa sowieso meistens: »Wir sitzen alle in einem Boot, aber rudern dürft Ihr.«

Nicht jeder versteht, dass er es zumindest gut meint

Selbst empfindet sich der Nervensägentyp 6 als jemand, der die Welt ganzheitlich und auf besondere Weise wahrnimmt, intuitiv oder sogar spirituell. Er ist sicher, mehr als andere die größeren Zusammenhänge zu erkennen und zu verstehen,

---

[7] *Stern*, »Madonna postet merkwürdiges Instagram-Video«, 23. März 2020, https://www.stern.de/lifestyle/leute/corona-krise--madonna-postet-merkwuerdiges-instagram-video-9194468.html

mit denen er die Welt friedlicher, harmonischer und besser machen könnte, ja, sogar heilen. Symbolische Handlungen (»eine Botschaft teilen«, »Zeichen setzen«) sieht er als einen wichtigen Anfang, der seine Mitmenschen anregen und ermutigen könnte, es ihm gleichzutun. Andere empfinden ihn als selbstgerecht und abgehoben, verurteilend und herablassend anderen Ansichten gegenüber. Das Reden und Handeln scheinen für sie oft nicht zusammenzupassen (»Wasser predigen und Wein trinken«), sondern eher heuchlerische, moralisierende Selbstdarstellung zu sein.

Es bringt allerdings nichts, seine generellen Vorstellungen abzuwerten oder als unrealistisch einzuschätzen. »Du kannst doch nicht immer nur an dich denken und auf dem Status quo beharren wollen«, wird er ihnen vorwerfen und heimlich denken: »Wegen solchen Leuten ist die Welt in dem Zustand, in dem sie ist.« Denn er fühlt sich zumindest moralisch überlegen und kann sich Widerstand nur durch fehlenden Einblick oder niedere Motive erklären, etwa egoistisches Konsumdenken oder rücksichtslose Ressourcenverschwendung. Geht es in der Diskussion ums Detail, wird er schnell unsicher und merkt, dass er sich in vielen Sachfragen (etwa in den Bereichen Wirtschaft, Technik oder Naturwissenschaften) wenig auskennt. Daher wischt er sie lieber schnell beiseite, erklärt sie zu Ablenkmanövern oder zur Nebensache: »Darum geht es doch jetzt gar nicht!« Dabei hofft er entgegen der eigenen Ahnung: »Irgendwie wird's schon klappen.«

Anerkennen, dass er selbst davon überzeugt ist

Bei dem Weltverbesserer kommen Sie weiter, wenn Sie zuerst einmal seine Bemühungen anerkennen. Sie sind zwar meistens sehr idealistisch und eher theoretisch, aber ehrlich gemeint. Ihre Bestätigung wird ihn dankbar stimmen und – da man sich grundsätzlich einig scheint – eher dafür öffnen, nun die praktischen Seiten seiner Vorstellungen zu besprechen. Im besten Fall ist er danach zu erstaunlichen Kompromissen bereit, denn seine Intelligenz lässt ihn selbst erkennen, dass er sonst gar nichts umsetzen wird. Oft lässt sich, wenn es für beide passt, eine gute Aufgabenteilung finden: Der Weltverbesserer verkauft eine attraktive Vision, die andere begeistert und einnimmt, die ihrerseits die besseren Praktiker sind. Seine manchmal etwas abgehobene, bevormundende Weltsicht korrigieren Sie sanft, indem Sie ihn an seinen eigenen Maßstäben messen. Beispiel: Wenn er globale Maßnahmen über alle Köpfe hinweg plant, erinnern Sie ihn daran, wie wichtig es ist, dem Einzelnen seine Freiheit und Würde zu erhalten, selbst zu entscheiden. Das stellt ein Dilemma dar, zeigt ihm aber, dass die Lösung eventuell etwas komplexer und vielschichtiger ausfallen müsste.

Erkennen Sie seine Empathie und Weisheit an und zeigen Sie dem Weltverbesserer auch durchaus, was Sie an ihm schätzen. Er denkt über sich hinaus und fühlt sich mit allen auf einer bestimmten Ebene verbunden, sei es als Mitmenschen, Mitbewohner der Erde oder Teil des Universums. Seine Beziehungen sind generell von Vertrauen, Verständnis und einem hohen ethischen Anspruch geprägt. Er ist sehr interessiert daran, andere so kennenzulernen, »wie sie wirklich sind«, und er kann auch intuitiv »zwischen den Zeilen lesen«. Diese Anerkennung tröstet ihn über den Frust, dass die Welt oft nicht so ist, wie sie sein sollte, und ermutigt ihn, trotzdem weiterhin das Mögliche zu versuchen.

Gefühl mit den Zahlen abgleichen

Hinter dem Verhalten dieses Nervensägentyps steckt ein ganzheitliches Weltbild: Er sieht seine persönlichen Entscheidungen und Handlungen in einen größeren Zusammenhang eingebettet. Je nach individuellen Überzeugungen kann das einfach nur die Welt sein oder auch das Universum im spirituellen Sinne. Schon Kleinigkeiten (zum Beispiel Bioprodukte kaufen, Spenden) können da viel bewegen. Der Grund dafür liegt darin, dass er sich in anderen Menschen wiedererkennt und deshalb für sie mitverantwortlich fühlt. Vieles entscheidet er dabei intuitiv. Er profitiert am meisten, wenn er sein Gefühl immer durch einen Blick auf die objektiven Zahlen (beispielsweise Statistiken, Berechnungen) überprüft. Wenn er davon bisher noch wenig versteht, sollte er sich die Zeit nehmen, sich mehr damit zu beschäftigen.

Eigenes Weltbild erweitern

Sollten Sie ebenfalls recht idealistisch auf eine bessere Welt hoffen und ernüchtert feststellen, dass es in der Realität oft ganz anders läuft, machen Sie es sich zur Gewohnheit, einmal am Tag für wenigstens fünf Minuten von all Ihren Aufgaben innezuhalten. Eine kurze Meditation, das stille oder hörbare Lesen eines anregenden Textes oder ein Gebet stärken die Verbindung zu sich selbst und fördern Ihre spirituelle Seite. In verschiedenen traditionellen und modernen Schriften finden Sie Vorlagen zur Inspiration. Ebenso können entsprechende Apps eine Hilfe sein, diesen Bereich für sich zu entdecken. Nehmen Sie sich die Zeit, sich mit Grundsatzfragen des Lebens auseinanderzusetzen, auch wenn Ihr Alltag dafür nicht allzu viel Raum lässt. Hinterfragen Sie anerzogene

Annahmen, erweitern Sie sie und finden Sie Ihre eigenen Antworten – in der Gemeinschaft oder allein. Damit erweitern Sie nicht nur Ihr Weltbild, sondern verstehen Ihre Mitmenschen noch besser, aber auch deren Grenzen.

Neu orientiert

Mein Klient Patrik kündigte in der Agentur. Er hatte sich verstärkt anderweitig beworben, weil er die Kluft zwischen Anspruch und Wirklichkeit bei seinem Arbeitgeber als zu groß empfand. Schließlich fand er etwas bei einem inhabergeführten Mittelständler. »Der Chef macht weniger Worte, ist auch nicht im Tarifvertrag. Gleichzeitig zahlt er mehr, als er müsste. Als die Firma in der Coronakrise viel Umsatz verlor und sparen musste, hat er das Kurzarbeitergeld freiwillig aufgestockt und niemanden entlassen.« Von ehemaligen Kollegen hörte er später, dass seine frühere Chefin wegen eines Spesenbetrugs verabschiedet worden war. »Aber das war wohl nur der äußere Anlass. Sie war, wie man sich erzählt, einfach ein bisschen zu oft in ihrem Ferienhaus und zu wenig im Büro.« Auf Instagram sah er manchmal ihre neuen Reisefotos und musste schmunzeln: »Mit dem Klimaschutz ist es wohl auch nicht mehr so wichtig.« Er vermutet, das sie nach einer gewissen Anstandsfrist wieder auftauchen und als Vorbild für werteorientierte, weibliche Führung präsentiert werden wird: »Aber das ist mir egal, da muss jeder selbst herausfinden, was dahinter steckt.«

Rührend kindlich

Auf LinkedIn sah ich eine Collage aus sechs Zeichnungen, die überschrieben war mit: »Die Natur heilt mich.« Sie zeigten,

Kinderbildern nachempfunden, eine nackte Figur im Wald mit folgenden Beschriftungen: »Die Sterne sprechen und erinnern mich: Ich bin nicht allein. Der Wind umarmt mich sanft. Die Bäume lauschen meinem Kummer. Die Vögel singen meinen Kummer weg. Der Sonnenschein vertreibt meine Dunkelheit. Die Natur akzeptiert mich so, wie ich bin.« Das war rührend kindlich und erkennbar für Leute, die in ihrer Stadtwohnung von der wilden Natur träumen, sich dabei im Dunkeln fürchten und im Wald weder Pflanzen noch Tiere genauer identifizieren, geschweige denn sich verteidigen könnten. Man kann darüber schmunzeln oder auch dankbar sein, dass manche unter uns noch träumen.

Top-Strategie gegen Weltverbesserer: an den eigenen Maßstäben messen

Diskutieren Sie mit dieser Nervensäge nicht über ihre erklärten idealistischen Ziele. Sie sind normalerweise von jedem zu unterstützen, der ein bisschen wohlmeinend ist. Wer sich offen dagegen ausspricht, steht nur charakterlich mies da. Halten Sie sich ebenso nicht ewig in philosophischen, theoretischen Erörterungen auf, wo der Weltverbesserer am liebsten verweilt. Sondern ziehen Sie ihn in ganz konkrete, praktische Fragen hinein: »Wie soll ich das genau machen, wie fangen wir's an?« Stellen Sie sich bei Bedarf bewusst dumm, damit er gezwungen wird, die Verantwortung für Umsetzung und Ergebnis zu übernehmen. Sie werden sehen, dass er plötzlich erstaunlich kompromissbereit ist oder sogar entgegen seiner erklärten Überzeugungen handelt, weil es anders gar nicht geht.

NERVENSÄGENTYP 7: ABGEHOBENE WELTERKLÄRER – ÜBER DEN DINGEN IST'S OFT EINSAM

*M*it dem kühlen Blick des unbeteiligten Denkers: Diese Nervensäge nervt mit ihrer kühlen Distanz und ihrer Wahrnehmung, klüger als alle anderen zu sein. Dabei fehlt es ihr oft an Mitgefühl und einem Sinn fürs Praktische.

Seit Langem gilt Minimalismus als ein Ausweg für überlastete Berufstätige. Wenigstens eine leere Wohnung, wenn schon der Kalender vollgestopft ist. Endlich durchatmen, »Breathwork«, wenn einem sonst ständig die Puste ausgeht. Einsame Zen-Meditationen auf einer nackten Matratze, daneben höchstens ein IKEA-Tischlein für die obligatorische Buddha-Statue, wenn man sowieso kein Privatleben hat. Nebenbei löst solch ein spartanischer Lebensstil das Problem, zu wenig Geld oder Nerven für Einkäufe zu haben, und lässt sich auf Instagram als bewusster Konsumverzicht ausgeben. Wer nur noch ein paar Säfte im Kühlschrank hat, kann behaupten, eine Fastenkur zu machen, um sich vom beruflich bedingten Ärger zu »entschlacken«. Dafür gibt es keinen wissenschaftlichen Beleg, aber die Anerkennung des Freundeskreises.

Bei allem Klimabewusstsein können die Ferienflüge in dieser Lebenslage nicht weit genug gehen. Bei der persönlichen Weiterentwicklung muss die CO_2-Bilanz zurückstehen, man will schließlich auch mal etwas anderes sehen. Die prominenten Klimapolitiker und -aktivisten machen es auch nicht anders mit ihren Konferenzen an den schönsten Orten der Welt. Für einen selbst kann das Programm lauten: bewusstseinserweiternde Drogen-Sessions mit Ureinwohnern an den Ufern des Amazonas, Yoga-Retreats auf Bali, eine persönliche Botschaft aus einer Palmblattbibliothek in Indien. Das zahlt auch auf die planetare Heilung ein, denn schließlich sind wir ja schon mitten im Zeitalter der großen Transformation.

Lässt als kalter Analytiker manchmal frösteln

Einige Menschen können die Dinge zumindest zeitweise ganz objektiv betrachten, sich selbst gedanklich aus allem herausnehmen und die Lage reflektieren. Das verhilft ihnen zu einer klaren Analyse ganz ohne alle Illusionen: Wer wir wirklich sind, was unsere echten Motive und Möglichkeiten sind. So lassen sich Entscheidungen besonders gut treffen und tragen über die Stimmung des Tages hinaus. Gleichzeitig ist diese Perspektive distanziert, zu reflektiv und zu wenig an praktischer Veränderung interessiert. Das ist Nervensägentyp 7: der abgehobene Welterklärer. Er hat bereits intensiv daran gearbeitet, sich und andere besser zu verstehen, etwa durch Bücher und Seminare zur Persönlichkeitsanalyse und -entwicklung. Damit steht er »über den Dingen«, aber nicht nur auf angenehme Weise, sondern kann auch unbeteiligt oder nur abstrakt am Menschlichen interessiert wirken. Als wäre er längst darüber hinaus.

Der Welterklärer nervt als kalter Analytiker, der sich über allem sieht und damit auch über alles erhebt. Als wäre die Welt sein Schachspiel, schiebt er gedanklich die Figuren herum und geht die besten Züge durch. Das mag hochintelligent und objektiv sein, zeigt aber auch einen Mangel an Menschlichkeit und Einfühlungsvermögen. Besonders schwer fällt es ihm, zu verstehen, dass andere nicht völlig objektiv nach rein rationalen Kriterien entscheiden, sondern sich mit bestimmten Menschen, Orten und Lebensmodellen verbunden fühlen und dass auch ihre Gefühle ein wichtiger Faktor sind. Darauf reagiert dieser Typ ein wenig autistisch: Er wiederholt sein Denkmuster, weil er andere nicht versteht. Sobald es darum geht, etwas praktisch umzusetzen, wird der Welterklärer schnell zum Bremser oder Totalausfall. Er ist an der Umsetzung wenig interessiert, sondern gedanklich lieber schon bei der nächsten intellektuell faszinierenden Idee.

Oft zu theoretisch, um nützlich zu sein

Meine Klientin Swetlana, angestellt bei einem großen Bauunternehmen, war genervt von ihrem Teamleiter. Seit er sich mit Persönlichkeitsanalyse und -entwicklung beschäftigte, fand sie ihn oft unerträglich. »Ganz klar ein ESFP-Typ nach Myers-Briggs«, sagte er etwa nach einem Meeting mit einem Kunden und lächelte sie wissend an. »Unterhaltsam, gesellig, aber sehr darauf bedacht, dass andere sich wohlfühlen.« Ärgerte sie sich über Probleme in der Firma, wollte er sich nicht darüber aufregen: »Das ist Teil unserer internen Dynamik.« Erwähnte sie, von der Arbeit geschafft zu sein, erwiderte er: »Du musst ›deine Säge schärfen‹, dich also bewusst erholen. Hast du *Die 7 Wege zur Effektivität* von Stephen Covey gelesen? Musst du dir unbedingt mal besorgen.«

Kurzprofil Welterklärer (Typ 7): objektiver Analytiker mit Praxisdefizit

Er betrachtet die Menschen um sich herum und die Welt insgesamt mit einer gewissen Distanz. Das gibt ihm enorme innere Freiheit. Er kann sich gedanklich komplett aus einer Situation herausnehmen, selbst wenn er ein Teil davon ist, und sie wie von außen betrachten. Damit kann er sich und andere objektiv beurteilen und mögliche Entscheidungen ganz frei treffen. Bewusstes Erleben ist ihm wichtiger als ständiges Bewerten. Traditionelle Ziele wie Karriere, materieller Besitz und Status langweilen ihn dagegen eher. Über kurze Phasen hinaus ist maximale Distanzierung allerdings nicht wünschenswert, weil sie zwischenmenschlichem Verständnis und persönlichen Beziehungen entgegenläuft.

Positiv gesehen: philosophischer Analytiker

Negativ gesehen: lebensfremder Kopfmensch

Nerv-Faktor: sein distanzierter Blick auf andere, der eine gewisse Menschlichkeit vermissen lässt, was ihm allerdings oft gar nicht bewusst ist

Beste Gegenstrategie: Nutzen Sie sein breites Wissen und sein objektives Urteil, aber kombinieren Sie es mit praktisch angelegten Ansätzen, die von ihm oder anderen stammen können.

Kam sie dagegen mit einem konkreten Problem aus ihrem beruflichen Alltag – etwa zu viele Kundenanfragen, um sie allein pünktlich abzuarbeiten – zu ihm, war er mit seiner Weisheit schnell am Ende. »Du musst stärker Prioritäten setzen«, sagte er vage und verwies auf den »Wertekompass« des Unternehmens. »Bei uns steht immer der Mensch im Mittelpunkt. Das gilt auch für unsere Kunden. « Das fand Swetlana grundsätzlich richtig, nur keine große Hilfe: »Ich brauche Entscheidungen, die ich praktisch umsetzen kann. In diesem Fall: Nach welchen Kriterien ich eingehende Anfragen sortieren soll, wenn ich nicht alle pünktlich erledigen kann.«

Ohne Zögern konnte sie zugeben, dass er mit seinen Einschätzungen fast immer recht hatte. Sie waren überlegt, schlüssig und treffend, aber gleichzeitig meist allenfalls theoretisch nützlich, ein wenig abgehoben, manchmal fast arrogant. »Man kann doch nicht alles nur philosophisch betrachten und möglichst neutral bleiben«, meinte sie. »Es geht immer auch um Menschen, selbst im Job. Da braucht es auch Empathie und etwas Leidenschaft.« Die distanzierte Beobachterpose, als die sie das Auftreten ihres Chefs neuerdings empfand, nervte sie: »Als hätte er mit nichts etwas zu tun — oder wäre besser als wir anderen.«

Inzwischen überlegte sie, das Unternehmen, zumindest aber die Abteilung zu wechseln. »Als Arbeitnehmerin fühle ich mich zu oft alleingelassen. Ich habe grundsätzlich kein Problem, etwas zu entscheiden, will aber nicht mit vagen Anweisungen alleingelassen werden und dann die Verantwortung tragen müssen.« Dafür fand sie ihre Stelle — Kundenbetreuerin — auch zu weit unten angesiedelt und zu gering bezahlt. »Vielleicht ist ein Konzern nichts für mich und ein kleinerer, inhabergeführter Betrieb würde besser zu mir passen?« Dort, so vermutete sie, würde es auch pragmatischer und handfester als bisher zugehen.

Achtsamkeit, die doch ein Geschäft ist

Die Welt der Persönlichkeitsentwicklung und Selbsterfahrung spiegelt die unendliche Kreativität und Geschäftstüchtigkeit des Kapitalismus wider, auch wenn sie ständig so tut, als wolle sie ihn abschaffen (»Stop fixing people, fix the system!«). Denn all die Kurse, Beratungen und Bücher kosten natürlich doch nicht nur einen »Energieaustausch«, sondern echtes Geld. Dafür gibt's immer Neuheiten: Eben noch war »pferdegestütztes Coaching für Führungskräfte« der Trend, dann »Bogenschießen als Zeichen der persönlichen Haltung« oder die »personenzentrierte Selbsterfahrungsgruppe im Hochseilgarten«. Oder, inzwischen schon klassisch, »Achtsamkeit aus dem buddhistischen Kontext«, wahlweise mit den »Erkenntnissen der Neurobiologie« oder den »Prinzipien der Quantenmechanik« gepaart, die sich beide nicht dagegen wehren können, nun als Begründung für New Age herhalten zu müssen. Versteht ja eh kaum einer, was das wirklich ist.

Wer da einsteigt, gewöhnt sich besser an eine neue Sprache, die zwischen Sozialarbeit und Esoterik changiert: »Du musst dein ›Higher Self‹ anzapfen, nicht nur ›im Außen‹ sein, sondern in die ›Schöpferkraft‹ kommen. ›Shifte‹ deine innere Haltung, komm voll in deine Power, get real!« Das veränderte »Mindset« darf sich auch in originellen Eigenbezeichnungen ausdrücken. Eine ganz unspektakuläre IT-Beraterin ist dann eine »Ermöglicherin und Vernetzerin«, ein Organisationsberater ein »Wegbegleiter für Wegbereite«, und eine Bloggerin ohne festen Wohnsitz, die mit Touristenvisum von einer Airbnb-Untermiete zur nächsten zieht, wird zur »digitalen Zen-Nomadin«. Das macht all die anderen neidisch, die mit sechs Wochen Jahresurlaub auskommen müssen.

Wer schon dabei ist oder gar ein Retreat gebucht hat, kann sich schon einmal für Instagram in Gurupose mit gefalteten

Händen fotografieren, mit geschlossenen Augen, als wäre es ein zufälliger Schnappschuss in einem besinnlichen Moment, nicht etwa das eigene iPhone mit Selbstauslöser. Dazu ein inspirierendes Zitat von Eckhart Tolle, Jon Kabat-Zinn oder dem Dalai Lama, wobei Letzterer in den letzten Jahren ein wenig in Ungnade gefallen ist. »Ich bin nicht meine Gedanken, Emotionen, Sinneseindrücke und Erfahrungen. Ich bin nicht der Inhalt meines Lebens«, von Tolle vielleicht. »Ich bin das Leben selbst. Ich bin der Raum, in dem alle Dinge passieren. Ich bin Bewusstsein. Ich bin das jetzt. Ich bin.«[8]

Nach weiterer Lektüre und intensiven Meditationen wird auch jedem klar, dass die eigenen Probleme eindeutig zeigen, dass »wir das System ändern«, »die Welt ganz neu denken« und »darüber reden« müssen. Dann bleibt nur noch die »Transformation« der Gesellschaft oder gleich der ganzen Menschheit. Ein neues Zeitalter möge beginnen, fallweise eher politisch oder spirituell betont, aber diesmal ganz ausgerichtet auf die eigenen Wünsche. Im Job gerät man damit allerdings bald in Schwierigkeiten, hat man dort erst einmal »Botschaften aus der geistigen Welt« und die »aufgestiegenen Meister« zitiert. Dann bleibt nur noch der zweite Karriereweg zum »Reikimeister«, »Energiearbeiter« oder »Theta-Healer«.

Schätzt die Lage objektiv, aber auch unbeteiligt ein

Selbst empfindet sich der Welterklärer als jemand, der den Überblick hat. Er schätzt die Lage und andere Menschen fast immer sofort richtig ein und sieht sich, zumindest langfristig gesehen, in seiner Beurteilung bestätigt. Gleichzeitig geht es ihm überhaupt nicht ums Rechthaben oder eigene Vorlieben.

---

[8] https://1000-zitate.de/autor/Eckhart+Tolle/

Es freut ihn, vieles leicht und objektiv zu erfassen und gleichzeitig praktisch nutzen zu können, etwa mühelos die richtigen Unterstützer für ein Projekt zu finden. Gleichzeitig bemerkt er aber auch, dass er mit seinen Einschätzungen häufig recht allein dasteht. Denn andere erkennen zwar seine intellektuelle Leistung an, empfinden ihn aber auch als kühl und unbeteiligt. Nicht selten zweifeln sie sogar seine Empathie an und glauben, dass ihn »Einzelschicksale« nur begrenzt interessieren. Das ist allerdings nur begrenzt richtig.

Es bringt nichts, seine Sichtweise inhaltlich anzugreifen. Er weiß, dass er die Dinge grundsätzlich richtig bewertet und ist oft in seiner nüchternen, distanzierten Wahrnehmung bestätigt worden – wenn auch manchmal erst viel später, wenn sich bei den anderen die Aufregung des Moments endlich gelegt hat. Sie würden also nicht ihn verunsichern, sondern ihn nur erkennen lassen, dass Sie selbst oft von Ihren Gefühlen und eigenen Hoffnungen beeinflusst werden und sich später korrigieren müssen. Ebenso führt Sie der Vorwurf des Unbeteiligtseins nicht weiter. Er wird Sie umgekehrt zu mehr Distanz ermahnen: »Man muss die Dinge nüchtern betrachten, wenn man nicht ständig danebenliegen will.«

Anregen, etwas praktischer zu denken

Bei diesem Nervensägentyp kommen Sie weiter, wenn Sie seine distanzierte Position als gleichzeitigen Vor- und Nachteil anerkennen: Er sieht die Lage zwar objektiv und klarer als die meisten anderen, aber gleichzeitig sehr unbeteiligt. Regen Sie bei ihm an, seine an sich richtigen Einschätzungen in konkrete Ziele und umsetzbare Pläne zu überführen. Dabei können Sie voll auf seine Intelligenz und Begeisterungsfähigkeit setzen, sobald Sie mit entsprechenden Fragen sein Interesse geweckt haben. »Wo sollte man anfangen?« »Wie würdest du das anpacken?« »Woran sollte man den Erfolg messen?« Lassen Sie ihn ansonsten laufen, versuchen Sie nicht, ihn einzuengen und weiter zu führen. Wenn er sich dem Problem, auf das Sie hinweisen, aktuell nicht widmen will, wird er dafür ein anderes übernehmen und lösen. Bei dieser Nervensäge stehen Sie nur im Weg, wenn Sie sich zu sehr einmischen: Geben Sie ihr die Freiheit, sich ihre eigenen Projekte zu suchen. Versuchen Sie stattdessen, ein Teil seines Teams zu werden. Sie profitieren von jeder gemeinsamen Aktivität, wenn Sie von seinen Denk- und Arbeitsschritten lernen.

Erkennen Sie seine Fähigkeit zur völligen Objektivität an, kann er Ihr Verbündeter oder sogar Freund werden. Zeigen Sie dieser Nervensäge, dass sie ihre besonderen Stärken sehen und schätzen: Der Welterklärer beobachtet aufmerksam, ohne sofort beurteilen zu müssen oder alles auf sich zu beziehen. Dadurch hat er einen weiten Blick auf seine Mitmenschen, deren Verhalten und das Leben an sich. Das eröffnet ihm eine enorme Bandbreite an Möglichkeiten. Zudem hat er die Kraft, das eigene Leben sehr weitgehend nach eigenen Vorstellungen zu gestalten. Diese Anerkennung bestätigt sein Selbstbild und ermutigt ihn, die Dinge nicht nur reflexiv zu betrachten und darüber zu reden, sondern angesichts seines Potenzials auch aktiv zu gestalten.

Blick von außen

Hinter dem Verhalten des Welterklärers steckt die Fähigkeit zur völligen Objektivität. Er erkennt, dass wir alle mit vielen Illusionen leben: Wer wir wirklich sind, was unsere Motive und Möglichkeiten sind. Er kann sich gedanklich aus all dem herausnehmen und die Dinge wie von außen betrachten – inklusive seiner eigenen Anteile. Das ist nur möglich, wenn er bereits intensiv an sich gearbeitet hat, um sich selbst zu erkennen und andere besser zu verstehen. Geht er diesen Weg weiter, kann er zu einem neuen Ziel finden: Verständnis und Empathie für diejenigen zu entwickeln, die noch nicht so weit sind. Nicht als Beobachter oder gar Kritiker, sondern als erfahrener Begleiter, dem es nicht immer nur um sich selbst geht, sondern um andere, deren Ziele und ihre Umsetzung. Mit persönlichem Interesse und Empathie.

Mitgefühl üben

Möglicherweise ertappen Sie sich manchmal dabei, dass Sie vor allen anderen Klarheit über die Lage haben, das aber nicht verstanden und angenommen wird. Machen Sie sich dann bewusst, dass Ihre Perspektive vielen Menschen nicht oder nur kurzzeitig zugänglich ist, wenn sie nämlich nicht gerade selbst betroffen sind. Ihre Lebenswirklichkeit wird von einem anderen, wesentlich emotionalerem Blick geprägt. Beispiel: Ein Leben ohne kämpferische Auseinandersetzungen (Nervensägentyp 2) wäre für sie gar nicht vorstellbar, für sie ist das »normal«. Spätere Lebenserfahrungen und Reflexionen eröffnen auch ihnen den Weg, sich weiterzuentwickeln. Sie können sie behutsam dabei begleiten. Versuchen Sie gelegentlich, sich wieder in jede der genannten Sichtweisen (Nervensägentypen 1 bis 6) einzufühlen. Erinnern Sie sich dafür an frühere Situationen, in denen Sie selbst eher emotional empfunden und reagiert haben. Jede Perspektive hat ihre Vor- und Nachteile und ist das Beste, was der Person in diesem Moment möglich ist. Sie haben persönlich die Möglichkeit, bewusst unter all diesen Sichtweisen auszuwählen und damit die ganze Bandbreite zu nutzen.

Eigenen Weg gefunden

Meine Klientin Swetlana entschloss sich nach anfänglichem Widerwillen, doch einige Empfehlungen ihres Teamleiters auszuprobieren – in einige seiner Lieblingsbücher zu schauen, seine bevorzugten Podcasts und Vorträge auf YouTube zumindest einmal zu testen. »Nicht alles, was er gut fand, passte zu mir. Aber ich habe zumindest immer einmal in die Beschreibung geschaut, um mir herauszusuchen, was ich nützlich finden würde.« Gleichzeitig fragte sie bei konkreten Fragestellungen für ihren Job genauer nach oder holte sich die Erlaubnis, innerhalb vereinbarter Grenzen selbst zu entscheiden. Da sie sich in jedem Fall weiterbilden wollte, meldete sie sich danach für ein Zertifikatsprogramm für Wirtschaftspsychologie an der örtlichen Fachhochschule an. »Als ich meinem Chef davon erzählte, bot er von sich aus an, die Hälfte der Kosten aus seinem Etat zu übernehmen.« Das Programm begeisterte sie, denn es ordnete und erweiterte ihren Blick auf das, was sie jeden Tag im Job erlebte. Nach ihrem Abschluss rückte er zum Abteilungsleiter auf und empfahl Swetlana als seine Nachfolgerin. »Ich habe meinen eigenen Stil. Aber vieles, was er mir damals geraten hat, kann ich heute besser nachvollziehen und für mich einsetzen.«

Höhere Dinge

Überall hat der Fokus auf die höheren Dinge dazu geführt, dass es immer schwerer wird, reguläre Stellen zu besetzen und alltägliche Dinge zu erledigen. Wir kennen das von der Politik, die, seit sie das Weltklima aufs Grad genau regelt und sämtliche Völker der Welt befreien und beglücken will, ihre Mühe hat, noch das gewohnte Funktionieren des Alltags sicherzustellen. Nicht anders sieht das in den Unternehmen aus. Seit »Vielfalt«, »Gleichstellung« und »Inklusion« zu Prioritäten geworden sind, ist es schwieriger geworden, noch die Verfügbarkeit der Produkte, stabile Preise oder eine erreichbare Kundenhotline sicherzustellen. Damit will sich ja eigentlich keiner mehr aufhalten, weil wir uns nun alle »weiterentwickelt« haben. Kein Wunder, dass alle zu Verzicht und Askese aufrufen: Dann können wir uns endlich alle dem Management der Weltverbesserung widmen.

Top-Strategie für Welterklärer: daran erinnern, wie andere die Welt sehen

Diese Nervensäge kann Ihnen interessante Einsichten geben, die über den Tag Bestand haben, manchmal geradezu philosophisch sind. Nutzen Sie diese Einblicke für einen übergreifenden Blick auf Ihre alltäglichen Angelegenheiten und Sorgen. Erinnern Sie den Welterklärer gleichzeitig sanft daran, dass nicht alle das Leben so abgeklärt wie er sehen, sondern aus unterschiedlichsten, häufig sehr emotional gefärbten Perspektiven (Nervensägentypen 1 bis 6). Das kann oft zu interessanten Gesprächen führen, in denen dem Welterklärer wieder klar wird, dass er früher auch anders gedacht und gehandelt hat. Das fördert seine Empathie und seinen praktischen Sinn. Sie profitieren dagegen von einem Ratgeber, der auch ein guter Mentor, Berater oder spiritueller Begleiter sein kann.

Unterschiedlich nervig

In den vergangenen Kapiteln haben Sie sieben Nervensägentypen und grundlegende Strategien, mit ihnen umzugehen, kennengelernt. Blättern Sie wieder zurück, wenn Sie sich nicht mehr erinnern oder unsicher sind. Wie zu Beginn erwähnt, sind nicht alle gleich anstrengend. Die Typen 1 (ewige Opfer) und 2 (Rechthaber) sind kaum auszuhalten, weil sie andere so viel Kraft kosten. Ab Typ 3 (Zögerer) können Sie sich zunehmend arrangieren, sogar von ihren Stärken profitieren. Wir haben bereits kurz angesprochen, wie man sich gegen sie wehren kann und erkennt, ob man selber auch eine Nervensäge ist. Nachfolgend gehen wir weiter ins Detail, erkunden ihre Schwachpunkte, stellen fest, was im Notfall hilft, und erläutern, was Sie nie tun sollten.

Beachten Sie, dass alle Nervensägen – echte Menschen, nicht nur theoretische Modelle – immer die Eigenschaften aus allen sieben Typen in sich vereinen. Sie sind nur, je nach Persönlichkeit und Situation individuell unterschiedlich stark ausgeprägt. Konzentrieren Sie sich auf den ausgeprägtesten Aspekt, um Ihr Gegenüber einem Typ zuzuordnen, ihn zu verstehen und angemessen mit ihm umgehen zu können. Weniger stark ausgeprägte Aspekte können Sie dagegen vernachlässigen, sie spielen keine entscheidende Rolle.

SO BEFREIEN SIE SICH VON DEN TRICKS DER NERVENSÄGEN

*M*itleid erregen, einschüchtern oder drohen: Jeder Nerven-sägentyp hat seinen eigenen Weg, um Sie in seinem Sinne zu manipulieren. Wenn Sie ihn erkennen, können Sie sich davon befreien und sogar noch etwas daraus lernen.

Es ist absolut unvermeidlich, andere zuerst nach ihrem Erscheinungsbild und Verhalten zu beurteilen. Wenn Sie zum Beispiel attraktive Schauspieler, Mode- und Fitnessmodels in Magazinen, auf Instagram und TikTok sehen, könnten Sie auf den ersten Blick meinen, hier handele es sich um genetisch begünstigte Menschen, die zudem besonders viel für ihr Aussehen getan haben. Aber das würde bedeuten, dass jeder auf seine Ernährung achten, zum Sport gehen und sich von Trainern, Stylisten und Schönheitschirurgen helfen lassen könnte. Ein sehr unangenehmer Gedanke – viel unbequemer, als sich diese Menschen bei einer Tüte Chips von der Couch aus anzuschauen und dabei empört auszurufen: »Diese unerreichbaren Schönheitsstandards sind es, die unsere Jugend verderben!« Zwar sind diese Standards offenkundig schon erreichbar, aber nicht so ganz leicht von jedem.

Zum Glück kann man auch weiterhin so bleiben, wie man ist, sich nun aber für die Erklärung loben lassen, dass man das wegen der *Body Positivity* absichtlich mache. So haben auch viele Stars einmal angefangen, bis sie endlich genug Motivation, Geld und professionelle Helfer hatten, um Übergewicht, schiefe Zähne und einen unvorteilhaften Modegeschmack loszuwerden. Nun sind sie in der Position, andere sanft darauf hinzuweisen, dass es doch auf die »inneren Werte« ankomme. Am besten gleich mit einer »Awareness-Kampagne« mit zeitgeistig reumütigen Mode-, Kosmetik- und Sportmarken, die ihren Kunden damit Verschönerung und zugleich moralisch überlegenen Protest dagegen anbieten!

Aber vom äußeren Schein sollte man sich generell nicht täuschen lassen. Das gilt auch für unsere Nervensägen. Sieben Typen haben Sie in den vergangenen Kapiteln kennengelernt. Sie mögen auf eine bestimmte Weise auftreten und arbeiten, nutzen unterschwellig aber oft die raffiniertesten Tricks. Sie appellieren beispielsweise an Ihren Gerechtigkeitssinn oder an Ihre Hilfsbereitschaft, spielen mit Ihren Ängsten und Sorgen, um eigene Ziele zu erreichen. Hier erfahren Sie mehr darüber, aber auch, wie Sie sich subtilen Manipulationen entziehen und noch etwas daraus lernen können.

Erkennen, womit andere Sie manipulieren

Jeder Nervensägentyp kann für Ihre persönliche Entwicklung wertvoll sein, auch wenn er anfangs noch so anstrengend ist. Durch ihn erkennen Sie Ihre Schwachpunkte, die er bisher zu seinem Vorteil nutzt. Achten Sie, auf welche Impulse und Gefühle Sie so stark ansprechen, dass andere Sie damit leicht manipulieren können (zum Beispiel Mitleid, Angst, Wut). Wenn Sie Ihre Perspektive dazu ändern, befreien Sie sich vom Einfluss anderer und leben selbstbestimmter.

Ewige Opfer (Typ 1): Leiden lassen, bis es selbst aktiv wird

Das ewige Opfer setzt darauf, von Ihnen bemitleidet und getröstet zu werden. Es hofft zudem auf praktische Hilfe von Ihnen, indem Sie ihm Aufgaben und schwierige Entscheidungen abnehmen. Dahinter steckt seine Überzeugung, es nicht allein zu schaffen. Dafür appelliert es an Ihr Mitgefühl, Ihre Hilfsbereitschaft und oft auch an Ihr schlechtes Gewissen, wenn Sie beispielsweise glauben, dass es Ihnen zu Unrecht besser geht oder Sie mehr für andere tun könnten.

Sie befreien sich davon, indem Sie sich bewusst mit Hilfe zurückhalten, auch wenn es Sie noch so danach drängt. Lassen Sie das ewige Opfer leiden, bis es von seinen Klagen selbst so angeödet ist, dass es endlich Eigenverantwortung übernimmt und aktiv wird. Ermutigen Sie es dazu und bestärkten Sie es regelmäßig (»Du schaffst das«). Beantworten Sie Sachfragen, greifen Sie aber ansonsten nur im Notfall ein. Das ist nicht Ihr Projekt! Lernen Sie hier, abzuwarten.

Selbst können Sie daraus lernen, dass es für andere langfristig oft die beste Hilfe ist, nicht immer sofort zu helfen, sondern ihnen zu erlauben, eigene Erfahrungen zu machen. Auch wenn sie manchmal schmerzhaft sind, werden sie dadurch aber klüger und stärker. Dabei lernen Sie für sich, auch vermeintlich Schwächeren mehr zuzutrauen – und Sie reduzieren Ihre Bedürftigkeit nach Anerkennung und der Bestätigung, dass es ohne Sie nicht ginge.

> **»Die beste Hilfe für andere ist oft, ihnen nicht zu helfen. Das bringt sie erst dazu, selbst aktiv zu werden.«**

Rechthaber (Typ 2): Durch unerwartete Zustimmung auflaufen lassen

Dem Rechthaber geht es darum, bestätigt und unterstützt zu werden. Er hofft darauf, dass Sie sein Verbündeter werden und an seiner Seite für die – aus seiner Sicht – gute Sache streiten. Dahinter steckt seine Überzeugung, dass er kämpfen und vorangehen muss, weil es sonst kein anderer tut. Dafür argumentiert er mit gezielt ausgewählten Fakten, Appellen an Ihre Loyalität, greift aber auch ohne größere Hemmungen zu moralischer Erpressung und offenen Drohungen.

Das wird wirkungslos, wenn Sie ihn kühl auflaufen lassen, nicht dagegenhalten und selbst emotional werden. Lassen Sie den Rechthaber sich austoben und bleiben Sie selbst höflich und verbindlich, bis er sich erschöpft hat. Stimmen Sie ihm insoweit zu, dass Sie seine Meinung anerkennen (»Du meinst also, dass…«), ohne sie sich zu eigen zu machen. Das nötigt ihm Respekt ab und führt oft dazu, dass er Sie als ebenbürtig anerkennt. Denn Sie bleiben gelassen und souverän.

Sie lernen dabei, andere, auch vehement vorgebrachte, Meinungen mit einem gewissen Interesse, aber eigentlich unbeeindruckt zur Kenntnis zu nehmen. Was kann Ihnen diese Nervensäge wirklich anhaben? Sie haben Ihre Ansichten, die daneben stehen bleiben, ohne dass Sie deswegen Angst haben. Vorgebrachte Fakten müssen nicht zur selben Schlussfolgerung führen, können unterschiedlich interpretiert und eigene Konsequenzen daraus abgeleitet werden.

»Wer innerlich unabhängig ist, muss andere kaum fürchten. Sie haben keine Macht über einen.«

Zögerer (Typ 3): Ihn entscheiden lassen, ob er handeln will

Der Zögerer zieht Sie regelmäßig in seine Überlegungen, um seinen Frust durch aufregende Gedankenspiele zu erleichtern (»Was meinst du, soll ich…?«), die aber praktisch immer folgenlos bleiben. Dahinter steckt sein Glauben, dass Reden bereits Handeln wäre – er damit also eigentlich schon auf dem Weg sei. Dafür appelliert er an Ihre Hilfsbereitschaft und Ihre Geduld, sich immer wieder die gleichen Möglichkeiten, ihre denkbaren Vor- und Nachteile anzuhören.

Sie befreien sich davon, indem Sie seine wiederholten Gedanken zusammenfassen und ansprechen (»Du sagst ja immer wieder, dass…«). Fragen Sie danach, welche Pläne er in dieser Sache hat. Hören Sie nur Gerede (»Ich überlege, ob ich…«), wissen Sie, dass er noch nicht so weit ist. Akzeptieren Sie das. Verzichten Sie auf eigene Tipps und drängen Sie ihn nicht zu einer Entscheidung, auch wenn Sie meinen, genau zu wissen, was er tun sollte.

Dabei lernen Sie hinzunehmen, dass manche Menschen viel Zeit brauchen, ehe sie endlich bereit sind, Verantwortung für ihre Entscheidungen zu übernehmen, die immer Unklarheiten und Risiken beinhalten. Das kann ihnen niemand abnehmen, ohne dann auch für die Folgen mitverantwortlich zu sein. Jahrelange Stagnation mag Ihnen wie verschenkte Lebenszeit voller vergebener Chancen erscheinen. Für andere ist das die akzeptable Normalität.

»Jeder hat das Recht, seine eigenen Entscheidungen zu treffen – oder sie für sich zu vermeiden.«

Helferseelen (Typ 4): Ermutigen, anders als bisher zu helfen

Die Helferseele holt sich Lebenssinn und Anerkennung, indem sie für andere da ist und ihnen ihre Fürsorge manchmal fast aufdrängt. Dahinter steckt ihre Überzeugung, dass andere es ohne sie nicht schaffen würden (»Helfersyndrom«). Dafür nimmt sie viel auf sich, bestärkt andere aber auch in ihrer angenommenen Bedürftigkeit. Manchmal geht sie dabei so weit, dass sie unbewusst darauf achtet, dass andere nicht zu selbstständig und damit unabhängig von ihr werden.

Sie befreien sich davon, indem Sie sich für die geleistete und angebotene Hilfe bedanken, aber deutlich machen, dass Sie es zukünftig allein angehen wollen. Lassen Sie sich nicht davon abhalten, wenn Ihnen die Helferseele unerwartet Undankbarkeit vorwirft (»Bis jetzt war ich dir also gut genug«). Ermutigen Sie sie, ihre Hilfe weiter als bisher zu denken, indem sie andere dabei unterstützt, sich selbst helfen zu können – und manchmal vielleicht sogar Hilfe anzunehmen.

Für Sie ist das die Gelegenheit, alle Ihre beruflichen und privaten Beziehungen darauf zu prüfen, ob die Balance aus Geben und Nehmen – zumindest langfristig gesehen – ungefähr ausgewogen ist. Den meisten von uns fällt eines anfangs leichter. Das kann Anlass sein, nun einmal das andere zu üben. Sie lernen dabei nicht nur, dass jeder einmal stark und schwach ist, sondern dass die Starken oft aus eigener Bedürftigkeit heraus handeln, etwa Bestätigung brauchen.

»Hilfe ist manchmal eine sanfte Form der Bevormundung, gegen die man sich besser verwahrt.«

Problemlöser (Typ 5): Ehrlich und rational argumentieren

Der Problemlöser führt und leitet andere gern an, vor allem durch positives eigenes Vorbild. Auch er sucht Verbündete, aber auf eine gute Art und für ein gemeinsames Projekt. Dahinter steckt seine Überzeugung, dass jeder etwas beitragen kann, man zusammen am stärksten ist und das meiste erreicht. Dafür versucht er, andere durch seine Begeisterung zu überzeugen und mitzureißen. Sein motivierendes Versprechen ist, dass andere mit ihm wachsen können.

Sie können sich davon unabhängig machen, indem Sie sich selektiv beteiligen, etwa nur in einer bestimmten Karrierephase oder in einzelnen Projekten. Etwa, wenn Sie andere Prioritäten (zum Beispiel Familie oder Zeit für sich) haben. Der Problemlöser nimmt wenig persönlich, ist offen für einen ehrlichen Austausch, rationale Argumente und Lösungsvorschläge. Wenn Sie innerhalb des vereinbarten Rahmens Ihr Bestes geben, kann er sich gut damit arrangieren.

Vor allem profitieren Sie von seinem fachlichen Wissen und seiner persönlichen Stärke, etwa in Bezug auf wirksame Kommunikation, Disziplin und Selbstmotivation. Gleichzeitig werden Sie beobachten, dass es ihm häufig schwerfällt, Menschen zu verstehen und zu akzeptieren, die nicht so leistungsfähig und -bereit sind wie er. Oft überlastet er sich und zeigt Ihnen so den Wert von Grenzen selbst im spannendsten Job und besten Team. Auch der Stärkste braucht Erholung.

**»Ebenbürtigkeit setzt nicht voraus, gleich zu sein.
Sondern sich beidseitig zu respektieren, wie man ist.«**

Weltverbesserer (Typ 6): An den eigenen Maßstäben messen

Der Weltverbesser hat sehr idealistische Vorstellungen davon, wie die Welt sein sollte. Davon will er Sie überzeugen, weil er glaubt, dass sie gemeinsam umsetzbar wären. Dahinter steckt seine Annahme, dass die ganze Menschheit und das gesamte Universum miteinander verbunden wären. Tut jeder seinen Teil, geht es allen besser. Dafür appelliert er an Ihre Ideale und malt eine utopische Welt aus, in der alle besser als jetzt leben werden. Das ist keine Masche, er glaubt daran.

Sie befreien sich davon, indem Sie sich kein schlechtes Gewissen einreden lassen. Sie treffen immer noch Ihre eigenen Entscheidungen. Messen Sie den Weltverbesser an seinen Maßstäben: Stimmen Sie seinen Hoffnungen generell zu und lenken Sie das Gespräch dann auf die praktische Umsetzung. Der Weltverbesserer wird sich dabei winden, immer wieder ins Vage ausweichen wollen, aber im besten Fall realistischer und kompromissbereiter werden.

Daraus lernen Sie, sich nicht von moralistischer Selbstüberhöhung einschüchtern zu lassen, sondern weiter selbstbestimmt zu entscheiden, unabhängig davon, was andere dazu meinen. Gleichzeitig bleiben Sie offen für neue Ideen, verbeißen sich also nicht in der Gegenposition. Sie lernen stattdessen, auf eine verbindliche Art hochtrabendes Gerede zu demaskieren, aber immer noch die wünschenswerten Optionen offen zu lassen und die Vision teilweise wahr zu machen.

**»Die Welt wird nicht besser durch kühne Ideen.
Sondern durch Ideen, die praktisch funktionieren.«**

Welterklärer (Typ 7): Anregen, auch etwas umzusetzen

Der Welterklärer ist interessiert daran, von anderen zu lernen, aufmerksam zu beobachten und daraus seine eigenen Gedanken, Einschätzungen und Ideen zu entwickeln. Ihn trägt die Überzeugung, dass sich alles neu denken lässt, es für die Vorstellungskraft keine Grenzen gibt und damit auch keine für das theoretisch Machbare. So sucht er den Austausch mit Gleichgesinnten, braucht aber auch viel Zeit für sich.

Um das zu ändern, sollten Sie die gedankliche Leistung des Welterklärers anerkennen, ihn aber gleichzeitig dazu ermutigen, seine Ideen auch praktisch umzusetzen. Nur so bewegt er wirklich etwas. Er ist dazu mühelos in der Lage, wenn er erst einmal beschlossen hat, seine Idee zu einer Realität werden zu lassen. Gelegentlich müssen Sie ihn sanft immer wieder dazu zurückführen, damit er sich nicht bald in der nächsten Möglichkeit verliert oder in Details verzettelt.

Wenn es Ihnen gelingt, mit einem Welterklärer zusammenzuarbeiten, kann das Ihr ganzes Leben verändern. Denn dann haben Sie einen außergewöhnlichen Vorgesetzten oder Kollegen, der weit über das Tagesgeschäft hinaus denkt. Von ihm können Sie lernen, sich gedanklich zumindest zeitweise ganz aus einer Situation herauszunehmen, die Sie betrifft (zum Beispiel Ihre aktuelle Berufs- und Lebenssituation) und objektiv – ohne persönliche Einfärbung – zu beurteilen, wie sie wirklich aussieht und was Sie ändern könnten.

> **»Jede Veränderung beginnt mit einer Idee, die viele dazu anregt, sie tatsächlich umzusetzen.«**

Beste Strategie

Möglicherweise ist Ihnen dieser Ansatz anfangs noch zu abstrakt. Nutzen Sie dieses Kapitel in diesem Fall vor allem als Übersicht zum Nachschlagen. Haben Sie eine Nervensäge erst einmal entsprechend der ausführlichen Beschreibungen einem Typ zugeordnet, finden Sie hier die beste Strategie, um langfristig mit ihr umzugehen (beispielsweise als Chef oder Kollege), ohne sich dabei zu erschöpfen oder den Job wechseln zu müssen. Im Gegenteil: Weil Sie von ihr lernen und sich weiterentwickeln, können Sie einem schwierigen Menschen rückblickend sogar dankbar sein. Er hat Sie gezwungen, überlegter als bisher zu handeln.

Andere Ihrem Typ entsprechend ansprechen, damit Sie eine Wirkung auslösen

Wirksame Kommunikation setzt voraus, dass Sie andere so ansprechen, dass sie das Gesagte verstehen und entsprechend ihrer Vorstellungs- und Wertewelt so deuten, wie Sie es beabsichtigt haben. Einem aufgebrachten, drohenden Rechthaber (Typ 2) brauchen Sie nicht mit logischen Argumenten kommen. Er würde gar nicht zuhören, sondern Ihr Verhalten als Schwäche deuten. Bei einem Problemlöser (Typ 5) dagegen wäre das sachliche Gespräch der beste Ansatz. Ihn würde taktisches Zustimmen irritieren, weil er sich auf Sie einlassen kann und an Ihrer Meinung interessiert ist. Wenn Sie Probleme mit einer Nervensäge haben, kommunizieren Sie also immer entsprechend ihrem Typ – nicht, so, wie Sie es persönlich am besten finden. Denn das würde von ihr nur falsch verstanden.

WAS SIE NIEMALS VERSUCHEN DÜRFEN

Den Therapeuten spielen, die echten oder eingebildeten Probleme anderer lösen wollen, alles ernst nehmen, sich auf ewige Diskussionen einlassen. Wer das tut, spielt das Spiel der Nervensägen bereits mit und wird deshalb nie etwas ändern.

Einige Jahre habe ich im Marketing eines Schweizer Industriekonzerns gearbeitet. Zur Einweisung gehörte eine Brandschutzvorführung, die wegen der nahen Produktionsanlage mit leicht brennbaren Materialien besonders wichtig war. Dabei zeigte die Betriebsfeuerwehr wie üblich, dass Flämmchen auf gewissen Flüssigkeiten zu meterhohen Stichflammen aufschießen und in einem Feuerball explodieren, wenn man Wasser statt des korrekten Löschmittels verwendet. Für den Unerfahrenen, der vielleicht auch noch in Panik ist, scheint Wasser die naheliegende Lösung. Doch das Gegenteil ist der Fall. Ähnlich verhält es sich mit Nervensägen: Manchmal muss man exakt das Gegenteil von dem tun, was logisch erscheint. Nur das löscht kleine Feuer schnell, anstatt sie unerwartet anzufachen, und verhindert größere Schäden.

Wer mit schwierigen, anstrengenden Menschen zu tun hat, probiert oft zuerst, was nur normal klingt: Er lässt sich auf ihre Stimmung ein, hört sich geduldig ihre Probleme an und versucht, bei der Lösung mitzuhelfen. Man glaubt, damit das Richtige zu tun, und muss feststellen, dass es genau das Falsche war. Das kleine Flämmchen wächst sich zur Katastrophe aus. Der nervige Chef oder Kollege wird plötzlich zur echten Belastung oder gar Bedrohung für die eigene Karriere. Hier fünf Strategien gegen Nervensägen, die Sie besser vermeiden sollten, wenn Sie deren Spiel nicht auch noch mitspielen und sich damit die Finger verbrennen wollen.

Damit beschäftigen, was Sie praktisch weiterbringt

Ihnen wird auffallen, dass wir uns hier nicht weiter mit den persönlichen Motiven von Nervensägen beschäftigen, auch nicht mit gesellschaftlichen Entwicklungen, die sie eventuell verstärken. Wir folgen hier dem ziel- und zukunftsorientierten Ansatz von Coaching: das Machbare für sich erkennen und praktisch gestalten und sich nicht in theoretischen Erwägungen und Forderungen an andere aufhalten, die Sie nicht weiterbringen.

Spielen Sie nie den Therapeuten

Seit Beratungstermine bei Fachärzten und Therapeuten noch knapper geworden sind, behelfen sich viele mit eigenen psychiatrischen Diagnosen. Der Chef überschätzt sich ständig, ist rücksichtslos und egoistisch? Wahrscheinlich ein Narzisst! Der Kollege ist impulsiv und zeigt starke Stimmungsschwankungen? Klar ein Borderliner. Der Geschäftspartner ist charmant, selbstbewusst, aber bei den Verhandlungen manipulativ und ohne Skrupel? Wohl ein Psychopath! Bald hat man jede Nervensäge für verrückt erklärt, um sich ihr Verhalten zu erklären und selbst noch normal zu fühlen. Doch viel weiter führt Sie das nicht. Sie leben nur bald mit dem (falschen) Eindruck, dass keiner mehr psychisch gesund ist.

»Falls du in deiner Freizeit gern als Therapeut oder Sozialarbeiter tätig werden möchtest, solltest du eine Weiterbildung machen und dich anschließend pro Gespräch bezahlen lassen«, heißt es dazu in meinem ersten Buch *Ich mach da nicht mehr mit*[9]. „In deinen sonstigen Beziehungen bist du weder Therapeut noch Sozialarbeiter. Du musst niemanden ergründen, analysieren oder verbessern und solltest das auch lassen. Es entmündigt dein Gegenüber, bringt eure Beziehung in Schieflage und wird dir am Ende nicht einmal gedankt.« Das gilt in beruflichen wie privaten Beziehungen.

Sind Sie wirklich davon überzeugt, mit jemandem zu tun zu haben, der eine psychische Erkrankung oder Persönlichkeitsstörung hat, sollten Sie Ihren gemeinsamen Vorgesetzten informieren sowie eventuell eine weitere Vertrauensperson (Personalabteilung, Betriebsrat, Betriebsarzt). In dem Fall können und sollten Sie nicht helfen und sich auch nicht anpassen. Reizt Sie dagegen nur die Möglichkeit einer Persönlichkeitsdeutung, wählen Sie passendere Zuschreibungen, zum Beispiel die Nervensägentypologie in diesem Buch. Sie geht davon aus, dass alle Beteiligten im medizinischen Sinne gesund und handlungsfähig sind.

Versuchen Sie nicht, alle Probleme zu lösen

Wenn Sie schon länger berufstätig sind und verschiedene Arbeitgeber erlebt haben, wissen Sie, dass es überall Probleme gibt. Da konnten die Stellenanzeige noch so schön formuliert,

---

9   Albert, Attila: *Ich mach da nicht mehr mit. Wie du dich endlich abgrenzt und auch mal die anderen leiden lässt.* Gräfe und Unzer Verlag, München, 2020.

das Einstellungsgespräch noch so nett verlaufen sein. Spätestens nach der Probezeit sehen Sie klar: Auch hier läuft so vieles nicht, wie es sollte. Die Organisation ist viel zu kompliziert, die Teams sind unterbesetzt, die IT überaltert, manche Produkte fragwürdig. Das ist normal und der Grund, warum Sie eingestellt worden sind und bezahlt werden: damit Sie hoffentlich mithelfen, die Probleme zu lösen. Das Ideal wird nie erreicht, aber hoffentlich wenigstens ewig angestrebt.

Im besten Fall haben Sie es dabei mit kniffeligen Aufgaben zu tun, die Sie positiv herausfordern, zu Ihren Kompetenzen und Interessen passen. Damit sind Sie allerdings meist auch schon gut ausgelastet. Entsprechend können Sie sich nur begrenzt mit den echten oder eingebildeten Problemen der Nervensägen an Ihrem Arbeitsplatz beschäftigen. Ob Sie nun ständig einer überforderten Kollegin (ewiges Opfer, Nervensägentyp 1) helfen, einen cholerischen Chef (Rechthaber, Typ 2) lange tolerieren oder einem abgehobenen Idealisten (Weltverbesserer, Typ 6) immer wieder auf den Boden der Tatsachen zurückführen: Nichts davon ist Ihr Job.

Kümmern Sie sich deshalb immer zuerst um Ihre eigenen Aufgaben, wie Sie in Ihrem Arbeitsvertrag, in Ihrer Stellenbeschreibung und eventuell in den Jahreszielen definiert sind. Gehen Sie bei Ihren Vorgesetzten und Kollegen davon aus, dass es sich ebenfalls um erwachsene Profis wie Sie handelt, die ihren Job erledigen müssen und dafür bezahlt werden. Über eine gelegentliche kollegiale Hilfe hinaus sind Sie dafür nicht zuständig. Stellen Sie fest, dass Sie im aktuellen Team nicht so arbeiten können, dass Ihnen Ihr eigener Job möglich ist, sollten Sie immer zuerst nach Lösungen suchen – und wechseln, wenn das mittelfristig nicht erreichbar ist. Sonst würden Sie innerlich aufgeben, bald selbst unmotiviert und unmerklich professionell immer schwächer werden.

Bestätigen Sie nicht jedes Weltbild

Vor einigen Jahren trat ein junger Kanadier namens Matthew Schimmel im Fernsehen auf und behauptete, ein Wolf zu sein. Er sah natürlich nicht so aus und zog es auch vor, nicht in die Wälder zu ziehen und sich unter ein Rudel zu mischen. Sondern schränkte ein: »Ich bin ein Wolf auf allen Ebenen, außer der körperlichen.« Einige Jahre später sah man ihn wieder. Nun trug er sein Haar länger, Frauenkleider, Schminke und nannte sich Shiro Ulv: Er fühle sich jetzt als Frau, die ein Wolf sei. Bald darauf änderte er seinen Namen erneut, diesmal in Naia Ōkami. Er sei nicht nur eine Frau mit Wolfsseele, sondern schon immer eine gewesen.[10]

Aktuell leben wir in Zeiten, in denen viele die objektive Wahrheit nicht mehr gelten lassen wollen, sondern ihr jede subjektive Erklärung (»meine Wahrheit«) überordnen. Wenn jemand etwas behauptet, sei das nun auch faktisch so. Bei Bedarf wird sogar die Vergangenheit – etwa Biografie und Wikipedia-Artikel einer Person – passend umgeschrieben. Wie immer passen sich die Unternehmen dem aktuellen Meinungsmarkt an, um nicht in die öffentliche Kritik zu geraten, sind nun beispielsweise plötzlich auf der Seite jeder Minderheit. Als Angestellter müssen Sie das zu einem gewissen Grad mittragen oder zumindest hinnehmen.

Selbstverständlich haben Sie jedoch weiterhin Ihre eigenen Überzeugungen, beobachten und ziehen Ihre Schlüsse. Das gilt auch in Ihrem Umgang mit Nervensägen, die Ansichten vertreten, die Sie nicht teilen. Sie müssen nicht jedes Selbst- und Weltbild bestätigen, auch wenn Sie Ihr Gegenüber höflich und respektvoll behandeln sollten. Es hilft immer, wenn Sie andere verstehen und nachvollziehen können,

---

[10] https://www.factynews.com/wiki/naia-okami/, https://anotherwiki.org/wiki/Naia_Ōkami

worum es ihnen geht, wie sie sich selbst und die Welt sehen. Aber Sie müssen das nicht bestätigen oder sich zu eigen machen. Man darf durchaus sagen: »Ich sehe das anders, aber vielen Dank, ich fand das interessant.«

Lassen Sie sich nicht auf ewige Diskussionen ein

Wenn Sie sehen wollen, wie Diskussionen nicht verlaufen sollten, brauchen Sie nur *Maybrit Illner* oder *Markus Lanz* einschalten. Jeder wiederholt dort, was er sowieso immer sagt, hört niemandem interessiert zu, sondern lauert nur darauf, möglichst schnell reingrätschen und den anderen vorführen zu können. Keiner will etwas dazulernen oder gar seine Meinung ändern. Für die Fernsehredakteure ist das praktisch. So lässt sich die Sendung wie ein Rollenspiel mit vorhersehbarem Ablauf planen. Aber das Ergebnis ist so anregend wie Streitgespräche am Ende einer zerrütteten Ehe: Die Beteiligten wollen nur noch recht behalten und dann so schnell wie möglich weg. Da wünschen sich selbst die Zuhörer die schnelle Scheidung.

Fruchtlose Diskussionen erkennen Sie daran, dass sie sich nicht konstruktiv entwickeln, sondern in Vorwürfen und Wiederholungen steckenbleiben (»Wie oft habe ich dir schon gesagt…?«, »Kannst du nicht…?«, »Musst du immer…?«). Nach einigen solcher Runden ist klar, dass man nicht miteinander reden, geschweige denn, gemeinsam etwas lösen kann. Man wird sich eventuell noch nicht einmal einigen, was überhaupt das Problem ist. Nach meiner Erfahrung – bald 35 Jahre im Berufsleben – zeigt sich das innerhalb weniger Monate in einem neuen Job: Nichts geht voran, Antworten sind ausweichend, es geht ständig nur um Schuldzuweisungen. Bald trauen Sie weder dem Chef noch den Kollegen und protokollieren zum Selbstschutz, wer was gesagt hat.

Vermeiden Sie es im Umgang mit Nervensägen, immer wieder dieselben Diskussionen zu führen. Manches lässt sich klären und vertiefen, aber nie auflösen. Daran ändern weder neue Argumente noch Wiederholungen etwas. Streiten Sie sich immer wieder um das Gleiche, sollten Sie sich spätestens nach sechs Monaten entscheiden: Können Sie Ihren Frieden mit den Gegebenheiten machen – oder sind Sie bereit, sich einen neuen Job zu suchen? Im ersten Fall praktizieren Sie Akzeptanz, finden damit innere Distanz und Ruhe. Im zweiten Fall entscheiden Sie sich für Konsequenzen und werden aktiv, um einen passenderen Arbeitsplatz zu finden.

Nehmen Sie nicht alles ernst

Einmal scrollte ich für eine Nachricht durch die Liste der Emojis, die auf meinem Handy verfügbar waren, und stellte dabei fest, dass mit dem jüngsten Update ein »Mx Claus« hinzugefügt wurde: Eine »geschlechtergerechte Weihnachtsperson« – unbestimmte Gesichtszüge, kein Bart – für Menschen, denen der Weihnachtsmann zu patriarchalisch und die bereits hinzugefügte »Weihnachtsfrau« nicht inklusiv genug waren. In sechs Hautfarben, falls jemand auf eine schwarze »Weihnachtsperson« besteht. Das soll »vielfältig« und »inklusiv« sein, atmet aber die verzweifelte Angst, irgendjemandem weh zu tun und sich selbst angreifbar zu machen.

Darüber kann man sich ewig aufregen, den Untergang des Abendlandes ausrufen und noch einmal in einem Internetkommentar ausrufen: »Jetzt reicht's langsam!« Wer das schreibt, dem reicht es sowieso noch lange nicht – sonst würde er nicht brav Kommentare tippen, sondern etwas handfester handeln. Aber davon abgesehen: Vieles, was einen nervt, kann man durchaus mit Humor betrachten und nicht ganz so ernst nehmen. Mit dem meisten muss man sich nicht einmal beschäftigen, wenn man nicht will. Einfach ausschalten, wegdrücken, nicht benutzen oder kaufen – abwarten, wie es sich langfristig entwickelt und was länger Bestand hat.

Bei den Nervensägen ist das ähnlich. Sie können nie alle von Ihren Ansichten überzeugen, wollen nicht ständig den Job wechseln oder sich überall streiten. Lernen Sie deshalb, über manche Schrulligkeit oder überzogene Reaktion einfach zu lachen. Das schafft, im besten Fall für alle, eine innere Distanz, nimmt einer angespannten Situation die Schwere und verbindet sie. Man muss gar nicht ständig perfekt oder sich einig sein, um seine Arbeit vernünftig zu erledigen und dabei zusammen sogar noch ein bisschen Spaß zu haben. Amüsieren Sie sich also über die Verrücktheiten um Sie herum, so oft es nur geht. Vieles verliert damit bereits seine tiefernste Bedeutung, obwohl sich praktisch noch gar nichts geändert hat. Wer viel lachen kann, der kann mit vielem leben.

Betrieb muss weitergehen

Manchmal braucht es die Eskalation und ist es unvermeidbar, die offene Konfrontation zu suchen und eine Entscheidung einzufordern. Aber im Normalfall hilft es Ihnen nicht, sondern schadet Ihnen, wenn die Flämmchen eines Konfliktes zu einer Stichflamme werden. Denn häufig trennen sich Unternehmen von Arbeitnehmern, selbst wenn diese recht haben, weil sie zu viele Schwierigkeiten machen. Der Betrieb muss weitergehen, auf einzelne Schicksale kann in einer großen Organisation immer nur begrenzt Rücksicht genommen werden. Es hilft Ihnen also, mit Nervensägen umgehen zu lernen. Ihr Leben wird dadurch einfacher. Im nächsten Kapitel geht es um nützliche Blitzstrategien für den Notfall.

Lassen Sie sich dabei nicht davon abhalten, dass Sie mit Ihrer Meinung anfangs eventuell allein dastehen. Im Jahr 300 vor Christus erklärte der griechische Astronom Aristarchos von Samos, dass die Erde um die Sonne kreise. Man glaubte ihm ebenso wenig wie später Nikolaus Kopernikus, der 1509 dasselbe statuierte. Priester und Gemüsezüchter Gregor Mendel, der ab 1856 die Vererbungsgesetze entdeckte, wurde von den Experten seiner Zeit ebenso ausgelacht wie Geowissenschaftler Alfred Wegener, der 1911 verkündete, die Kontinente würden sich fortlaufend verschieben. Die Geschichte ist voller Menschen, die nach Ansicht sämtlicher Experten ihrer Zeit falsch lagen. Sie hatten trotzdem recht.

Vorab üben, wie Sie im Notfall reagieren würden

Wenn Ihnen schwierige Gespräche schwerfallen, beispielsweise einen Wunsch oder eine Aufforderung abzulehnen, üben Sie das vorher. Legen Sie sich dafür einige passende Phrasen zurecht: »Vielen Dank, aber das kommt für mich nicht infrage«, »Das möchte ich nicht«, »Nein, dazu habe ich nun auch alles gesagt«. Sprechen Sie sie zuerst allein laut aus, dann in einer Spielsituation mit dem Partner oder einem Freund. Ihr Gegenüber könnte im nächsten Schritt auch unterschiedliche Tonalitäten mit Ihnen durchspielen, etwa ein kumpelhaftes, absichtlich freundliches oder drohendes Gespräch. Dadurch sind Sie auf einen tatsächlichen Notfall vorbereitet und reagieren fast automatisch, wenn Sie sich sonst erst sammeln und nach passenden Worten suchen müssten.

NEUN BLITZSTRATEGIEN GEGEN NERVENSÄGEN

*K*onsequent alle Auffälligkeiten ignorieren, sie ohne schlechtes Gewissen auflaufen lassen, so tun, als würden Sie sie gar
nicht verstehen und darauf vertrauen, dass sie sich selbst schon
genug nerven. So bringen Sie Nervensägen auf Abstand.

Nach einigen Jahren kennt man seine Chefs, Kollegen und
Geschäftspartner fast besser als die eigene Familie. Schließlich
hat man auch mehr wache Zeit gemeinsam verbracht, kleine
und große Probleme zusammen gelöst, obwohl man eher zu-
fällig zusammengekommen ist und sich arrangieren musste.
Aber man kann sich in Menschen auch täuschen. Ist Ihnen
beispielsweise auch schon aufgefallen, dass die aggressivs-
ten Facebook-Kommentare von Leuten kommen, die in ihren Profilen liebevoll ihre Haus- und Findeltiere zeigen, von
den Fortschritten im Kleingarten berichten und *Sprüche, die
von Herzen kommen* zitieren? »Die Vorsicht, jemanden nicht
zu verletzen, ist die schönste Form von Respekt«, lesen Sie
dort vielleicht bei jemanden, der Ihnen gerade einen unschönen Tod gewünscht hat. »Es muss von Herzen kommen, was
auf Herzen wirken soll.« Oder haben Sie schon verstanden,
dass auf LinkedIn diejenigen als die größten Experten gelten, die immer nur in Workshops und »inspirierenden« Beiträgen erzählen, wie es theoretisch gehen müsste, aber selbst

nie darüber hinauskommen? Anfangs übersieht man das, fünf Jahre später sieht man klar: Aus dieser Ecke wird nie etwas mit Substanz kommen, ewig nur wolkiges PR-Gerede.

Auch Nervensägen müssen Sie erst einige Zeit beobachten, ehe Sie mit Sicherheit sagen können, um welchen Typ es sich handelt, welche langfristige Strategie also die beste wäre. Sind Sie oder der andere noch neu im Unternehmen oder haben Sie gerade keine Nerven dafür, sind Sie aber nicht wehrlos. In diesem Kapitel finden Sie neun Blitzstrategien, um Nervensägen möglichst schnell auf Abstand zu bringen.

Darauf achten, ob Nervensägen die Ausnahme oder Regel sind

Achten Sie immer darauf, wie viele Vorgesetzte, Kollegen und Geschäftspartner Sie als Nervensägen empfinden. Handelt es sich um die Mehrheit, liegt es wahrscheinlich nicht an den einzelnen Personen, sondern: Das Unternehmen passt mit seiner Kultur nicht zu Ihnen, auch wenn andere dort seit Jahrzehnten gern arbeiten. In dem Fall lohnt es sich nicht, sich an den anderen abzuarbeiten. Suchen Sie sich dann besser einen neuen Arbeitgeber. Auch dort werden Sie auf Nervensägen treffen, dann aber als Ausnahmen.

1. Konsequent alle Auffälligkeiten ignorieren

Es ist sicher hilfreich, wenn Sie aufmerksam beobachten, was um Sie herum geschieht und registrieren, was andere sagen oder andeuten. Aber das heißt nicht, dass Sie immer darauf reagieren sollten. Manchmal ist es besser, so zu tun, als hätten

Sie es gar nicht bemerkt. Sie ersparen sich dadurch möglicherweise ein unangenehmes Gespräch oder eine Zusage, die Sie bald darauf bereuen. Dem anderen erlauben Sie mit einem diplomatischen Wegsehen oder -hören, noch einmal darüber nachzudenken, ob das wirklich unbedingt sein musste.

Klagt etwa Ihre Kollegin schon wieder, dass sie ihre Arbeit nicht schafft (ewiges Opfer, Typ 1), verhalten Sie sich so, als hätten Sie das gar nicht gehört. Trösten Sie sie nicht oder verbünden sich nicht verbal mit ihr (»Wirklich eine Zumutung hier!«), geben Sie ihr auch nicht den Tipp, doch mal mit dem Chef zu sprechen oder sich eine neue Stelle zu suchen, sondern bleiben Sie sachlich und bei Ihrer Arbeit. Macht ein Geschäftspartner angriffslustige Bemerkungen (Rechthaber, Typ 2), nicken Sie nur kurz und sprechen freundlich weiter, als wären sie nie gefallen. Keine Sorge, er bemerkt es!

Mit dieser Strategie geben Sie kleineren Spannungen nicht sofort eine Bedeutung, die sie möglicherweise nie hatten. Wenn andere nerven, hat das oft gar nichts mit Ihnen zu tun, sondern mit beruflichen oder privaten Schwierigkeiten des anderen, von denen Sie nichts wissen und die Sie auch nichts angehen. Beobachten Sie nur, ob dieselbe Person sich fortgesetzt ähnlich Ihnen gegenüber verhält. Dann stößt diese Strategie an ihre Grenzen, und Sie müssen das offene Gespräch suchen – entsprechend den Empfehlungen nach Typ.

2. Reden lassen und auf Durchzug schalten

Mit wenigen Phrasen können Sie ein ganzes Gespräch mit einer Nervensäge laufen lassen, obwohl Sie in Wirklichkeit kaum zuhören, sondern sich fast ungestört um Ihre eigenen Angelegenheiten kümmern. Lassen Sie sie nur reden und werfen Sie ohne viel Nachdenken gelegentlich etwas ein: neutrale

Zustimmung (»Ist wirklich total verrückt.«, »Das stimmt.«, »Aber echt!«, vage Nachfragen und Zweifel (»Meinst du wirklich?«, »Ob das so einfach geht?«, »Hmmm…«). Dazu manchmal ein Lächeln, als habe das Gesagte Sie direkt inspiriert auch Ihr eigenes Leben umzukrempeln.

Stellt sich die Teamleiterin beispielsweise an Ihren Schreibtisch und erzählt Ihnen ungefragt ausführlich vom Wochenende mit ihren Kindern (Helferseele, Typ 4), lassen Sie sie reden. Kommentieren Sie gelegentlich, ohne weiter mitzudenken: »Sicher schön da!«, »Das wäre auch mal was für uns.« Lachen Sie hier und da und blicken – scheinbar über ihre Worte nachdenklich geworden – nach oben, aber in Wahrheit auf Ihren Monitor. Sie können dabei sogar weitertippen, wenn Sie den Eindruck erwecken, dass die Pflicht Sie größte Mühe kostet, weil Sie am liebsten nur zuhören würden.

Am Telefon ist diese Strategie unschlagbar und praktisch nicht zu enttarnen. Im persönlichen Gespräch schöpft eine Nervensäge manchmal Verdacht und fragt ein wenig angefasst nach: »Hörst du mir überhaupt zu?« Meist genügt da schon eine kleine Versicherung (»Aber sicher! Erzähl weiter…«). Schon redet sie weiter, denn sie ist dankbar, dass jemand mit ihr Geduld hat. Schließlich weiß sie aus Erfahrung, dass sich die Zuhörer nicht gerade um sie reißen. Sie gelten im besten Fall bald als guter Zuhörer und effektiver Mitarbeiter gleichzeitig! So geht angewandte Psychologie.

3. So tun, als würden Sie's nicht verstehen

Wenn Sie die Eitelkeit überwinden können, als besonders intelligent gelten zu wollen, können Sie auch so tun, als würden Sie nicht verstehen, was die Nervensäge von Ihnen will. Stellen Sie sich dafür absichtlich ahnungslos, naiv oder dumm, bis sie entnervt aufgibt und lieber andere belästigt. Das ist eine mittel- bis langfristige Strategie, denn es braucht einige Gespräche, ehe die Nervensäge einsieht, dass Sie ein (vermeintlich) hoffnungsloser Fall sind. Dafür haben Sie danach meist für immer Ruhe, weil sie Sie ganz aufgegeben hat.

Will ein ambitionierter Vorgesetzter unbedingt »Ihr Potenzial entwickeln« (Problemlöser, Typ 5), tun Sie anfangs so, als verstünden Sie gar nicht, warum das gut sein sollte. Fragen Sie anschließend bei seinen Erklärungen mehrmals umständlich nach und wiederholen Sie einfachste Aussagen langsam, als müssten Sie sie erst gedanklich verarbeiten. Bald wird er bereuen, überhaupt auf diese Idee gekommen zu sein, und Sie können wieder Ihrem eigenen Plan folgen (zum Beispiel lieber ausreichend Zeit für Ihren Nebenjob zu haben).

Die Ahnungslosen in Ihrem Umfeld werden bald wirklich glauben, dass Sie ein bisschen begriffsstutzig sind, und mitleidig über Sie lächeln. Damit haben Sie aber immer noch den Erfolg, dass man Sie zukünftig nicht mehr nervt. Erfahrene Kommunikationsprofis werden dagegen bewundernd registrieren, wie raffiniert und nachhaltig Sie sich von lästigen Nervensägen abschirmen. Bei dieser Strategie kommt es im eigenen Interesse langfristig nur darauf an, von den jeweils Richtigen für klug beziehungsweise dumm gehalten zu werden. Das macht Sie zum echten Menschenkenner.

4. Anerkennen und direkt zurückgeben

Manchmal trifft man auch auf eine Nervensäge, die grundsätzlich recht hat. Nur können oder wollen Sie gerade nichts weiter für sie tun. Dann können Sie ihr versichern, dass Sie ihr völlig zustimmen, auch wenn Sie im Detail vielleicht anders denken. Fragen Sie danach auch aus Höflichkeit nicht nach, um sich nicht ungewollt ewige Erläuterungen anhören zu müssen. Kritisieren Sie auch nichts, denn dann finden Sie sich in einer Diskussion um eine Sache wieder, die sie weder interessiert noch betrifft. Geben Sie den Ball direkt zurück.

Erzählt Ihnen Ihr frustrierter Schreibtischnachbar wieder einmal, dass ihn sein Job anödet und er deshalb »überlegt«, zu gehen (Zögerer, Typ 3), könnten Sie ihm beispielsweise direkt zu seiner Entscheidung gratulieren: »Gute Idee! Das ist sicher der beste Weg in deiner Situation.« Erklärt Ihnen der Praktikant, wie das Unternehmen eigentlich geführt werden müsste (Welterklärer, Typ 6), stimmen Sie ihm völlig zu: »Das würde ich sofort so angehen, wenn du deine Ausbildung abgeschlossen hast – oder du gründest gleich selbst ein Unternehmen.«

Mit dieser Strategie bestätigen Sie die Nervensäge und erfüllen damit bereits einen Teil ihrer Bedürfnisse, nämlich die nach Zustimmung und Anerkennung. Gleichzeitig verblüffen Sie sie, denn die Verantwortung ist direkt wieder bei ihr gelandet, obwohl sie sich das ganz anders vorgestellt hatte. Manchmal ist sie darüber so erstaunt, dass sie wortlos zu ihrer Arbeit übergeht. Dann haben Sie Ihre Ruhe. Oder sie wird wirklich nachdenklich. Dann nervt sie in Zukunft möglicherweise weniger, weil sie mit sinnvolleren Dingen beschäftigt oder sogar tatsächlich nachdenklich geworden ist.

5. Ohne schlechtes Gewissen auflaufen lassen

Grundsätzlich sind die meisten Menschen hilfsbereit und verständnisvoll, Sie hoffentlich auch. Wenn eine Nervensäge das aber immer wieder ausnutzt, können Sie sie auch ohne schlechtes Gewissen auflaufen lassen. Bei dieser Strategie vergessen Sie Ihre gute Erziehung zu Aufmerksamkeit und Höflichkeit und verschließen einseitig die Kommunikation. Sie stehen weder als Tröster noch als Helfer zur Verfügung, sondern verweigern sich jeder Vereinnahmung. Das sorgt für eine gewisse Ernüchterung, klärt aber die Situation.

Nervt Sie eine Kollegin beispielsweise erneut mit ihrer komplizierten Beziehungsgeschichte und fragt nach Ihrem Rat, den sie sowieso nie befolgt (Zögerer, Typ 3), könnten Sie ihr kühl sagen: »Tut mir leid. Das ist bei dir sinnlos. Frag mich dazu nicht mehr.« Jammert ein Kollege mal wieder, dass er mit Excel nicht klarkommt, und blickt dann hilfesuchend zu Ihnen (ewiges Opfer, Typ 1), wäre eine denkbare Antwort: »Tut mir leid, dein Problem.« Dafür müssen Sie noch nicht einmal aufsehen, weil Sie es bei dieser kurzen Reaktion belassen – keine weitere Erklärung.

Diese Strategie ist ein wenig harsch und bietet sich deshalb vor allem an, wenn freundliche Ansätze wiederholt nicht funktioniert haben und Ihre Geduld als Zustimmung missverstanden wurde. Sie eignet sich vor allem für Nervensägen, die Ihnen hierarchisch gleichgestellt sind und mit denen Sie den Austausch folgenlos auf ein Minimum beschränken können. Manche Führungskräfte wenden sie auch gegenüber Mitarbeitern an (»kaltstellen«). Damit schaden sie sich aber eher selbst, weil ihnen damit eine Arbeitskraft ausfällt, die sie trotzdem weiter bezahlen müssen.

6. Absichtlich eskalieren lassen

Bei hartnäckigen Nervensägen hilft manchmal nur eine leichte Form der Schocktherapie: Sie eskalieren den Konflikt absichtlich, indem Sie – eindrucksvoll gespielt – ausflippen. Rücken Sie ihr nahe ans Gesicht und pressen Sie einige wütende Worte hervor, die allerdings aus rechtlichen Gründen unverfänglich bleiben müssen. Mit Nachdruck, vielleicht sogar geschrien, haben sie trotzdem genug Durchschlagskraft. Gerade wenn Sie sonst als ruhiger, besonnener Mensch gelten, kann das eine Nervensäge so nachhaltig erschüttern und verängstigen, dass sie sich nie wieder in Ihre Nähe traut. Sie haben gewonnen, nämlich endlich Ihre Ruhe!

Wenn Ihr Kollege Sie wieder mit seinen umständlichen Philosophien nervt, anstatt endlich seine Arbeit zu erledigen (Welterklärer, Typ 7), könnten Sie die Hände hoch- und die Augen aufreißen und ihn anbrüllen: »Ich will das nie wieder hören! Hast du das verstanden?! Lass mich in Frieden – ein für alle Mal!« Er wird zusammenzucken, vor Schreck erbleichen und sich hinter seinen Computer flüchten. Plappert die allzu gesellige Sekretärin (Helferseele, Typ 4) pausenlos, könnten Sie sie anfahren: »Kannst du mal ruhig sein? Unerträglich!«

Allerdings müssen Sie hier bedacht vorgehen. Diese Strategie birgt im Zeitalter der »Achtsamkeit« gewisse Risiken. Denn offene Aggressivität ist nun überall verpönt, passiv-aggressive Kommunikation dagegen erlaubt. Achten Sie also darauf, dass Sie nichts Justiziables sagen und es möglichst keine Zeugen gibt. Verlassen Sie stattdessen die Szene ruhig und lassen Sie bei den anderen durchklingen, dass Sie besorgt sind, ob es dem Kollegen noch gut geht. Er wirke so angespannt. Beklagt er sich über sie, blickt er in sorgenvolle Gesichter: »Du brauchst wahrscheinlich mal eine Pause!«

7. Durch Beschäftigung zum Schweigen bringen

In keinem Unternehmen ist die Arbeitsbelastung gleichmäßig verteilt. Da mögen Produktion, Vertrieb und Kundenservice noch so wegen Überlastung ächzen, in den Bürokratien abseits der Wertschöpfung kann man sich jahrelang mit sich selbst beschäftigen. Dieses Gefälle machen Sie sich mit der

folgenden Strategie zunutze: Sie verteilen Arbeit an unterbe-
schäftigte Nervensägen im Team und anderswo und binden
deren überschüssige Energie so produktiv. Möglicherweise
kommt dabei sogar etwas heraus, was allen nutzt.

Hebt ein Kollege mit Hang zum Salonbolschewismus zu
einem Vortrag darüber an, wie die Weltökonomie gerechter
organisiert werden müsste (Weltverbesserer, Typ 6), könnten
Sie ihm eine halbfertige Präsentation in die Hand drücken:
»Gut, dass du da bist! Kannst du hier noch die Fotos einsetzen und auf Tippfehler lesen?« Redet die Assistentin nur noch
vom nächsten Team-Event (Helferseele, Typ 4), könnten Sie
sagen: »Super, du hast also gerade Zeit. Wollen wir gleich mal
den Marketingplan fürs nächste Jahr durchgehen?« Erheben
Sie sich beim Sprechen schwungvoll und mit einem erfreuten
Lächeln, als könnte es jetzt direkt losgehen.

Diese Strategie ist für Sie in jedem Fall vorteilhaft: Entweder, die Nervensäge behauptet plötzlich, selbst noch viel zu
tun zu haben, und verschwindet. Dann haben Sie Ihre Ruhe.
Oder sie lässt sich tatsächlich einspannen und übernimmt
eine sinnvolle Aufgabe. Dann haben Sie unerwartete Unterstützung. Redet sie dabei trotzdem weiter, ist das ein kleiner
Preis dafür. In seltenen Fällen beklagt sich die Nervensäge,
dass sie ungefragt vereinnahmt wurde. Hier hilft ein Hinweis
auf teamübergreifende Kooperation: »Kein Silo-Denken!«

8. Unerwartet konsequent Grenze setzen

Ganz ohne laute Worte und Dramatik kommt die nächste
Strategie aus: Sie setzen eine eindeutige, konsequente Grenze –
der Nervensäge direkt oder ihrem Vorgesetzten. Machen Sie
klar, dass Sie nicht über Details verhandeln oder zurückste-
cken. Notfalls möge man sich jemand anders suchen. Damit

verblüffen Sie alle, die Sie bisher immer nur freundlich und geduldig kennen. Treten Sie so vehement auf, weiß jeder, dass ein echter Notfall vorliegen muss und Sie sicher im Recht sind. Daran lassen Sie keinen Zweifel. Um Sie nicht zu verlieren, wird man eine andere Lösung finden.

Hat Sie beispielsweise ein störrischer Teamkollege (Rechthaber, Typ 2) genug geärgert, können Sie Ihrem gemeinsamen Abteilungsleiter ruhig mitteilen: »Ich werde mit diesem Kollegen nicht mehr zusammenarbeiten. Bitte sorge dafür, dass er in ein anderes Team, besser noch in eine andere Abteilung versetzt wird.« Anfangs wird er mit ihnen feilschen und Sie – schon, um sich Arbeit zu ersparen – zum Einlenken bewegen wollen. Auch verzögern und verschleppen. Sie bleiben hart: »Das war mein Ernst. Kümmere dich darum. Ich arbeite mit diesem Kollegen keinen Tag mehr.«

Diese Strategie setzt voraus, dass Ihr Ruf untadelig ist, und kann in Ihrer gesamten Karriere nur wenige Male benutzt werden. Schließlich wollen Sie nicht als jemand dastehen, der selbst ständig Schwierigkeiten macht. Am besten funktioniert sie in großen Organisationen, in denen sich leicht Alternativen in anderen Teams oder Außenstellen finden lassen und wo interne Versetzungen und Rotationen sowieso üblich sind. Treten Sie klar und konsequent auf, stehen Sie am Ende sogar als jemand da, der Schaden vom Unternehmen abgewendet hat. Dafür wird man Sie umso mehr respektieren.

9. Darauf vertrauen, dass sie sich selbst erledigen

Die meisten unserer Blitzstrategien erfordern, dass Sie auf irgendeine Weise aktiv werden. Doch manche Nervensäge erledigt sich ganz von selbst ohne Ihr Zutun, wenn Sie nur geduldig abwarten können. Insbesondere die Typen 1 und 2 sind von negativer Energie (Leiden beziehungsweise Konflikt) beherrscht, während es bei den Typen 3 bis 7 aufsteigend besser wird. Dabei ist es unvermeidlich, dass die spezielle Negativität der Nervensägen sich, obwohl sie zuerst nerven, bald auch gegen sie selbst richtet. Sie öden sich bald genau mit dem selbst an, mit dem sie andere belasten.

Sehen Sie etwa, dass eine Branchenkollegin ständig andere auf Twitter angreift und kritisiert (Rechthaber, Typ 2), brauchen Sie gar nicht einzugreifen und sie zurechtzuweisen. Beobachten Sie nur, was passiert. Sie wird zuerst Beifall dafür erhalten, dass sie »klare Kante zeigt«, es sich aber genau deswegen bald mit so vielen verderben, dass sie überall in Ungnade fällt. Erst wird sie immer häufiger ihre Beiträge nach Kritik wieder löschen, bald vielleicht sogar ihr ganzes Konto. Damit hat sich das Problem erledigt, ohne dass Sie sich positionieren oder überhaupt etwas tun mussten.

Hier zeigen Sie Ihr Vertrauen auf eine langfristige Gerechtigkeit, die Sie nicht allein vorantreiben müssen. Auch eine gewisse spirituelle Reife. Diese Strategie fällt umso leichter, je älter Sie sind. Denn mit wachsender Lebenserfahrung haben Sie beruflich und privat genug Fälle beobachtet, in denen es langfristig doch gerecht zuging. Jeder bekommt früher oder später einmal, was er verdient (»Wer anderen eine Grube gräbt, fällt selbst hinein«). Das macht es leichter, zeitweise Ungerechtigkeiten gelassener hinzunehmen und abzuwarten.

10. Flexibel einsetzen

Im Laufe Ihres Berufslebens werden Sie auf jeden Nervensägentyp treffen und alle genannten Strategien einmal anwenden können. Machen Sie sich zunächst theoretisch damit vertraut, probieren Sie bei passender Gelegenheit

unterschiedliche Ansätze aus und entscheiden Sie danach fallweise, was Ihnen geeignet erscheint. Am effektivsten sind Sie
mit einem weitgefächerten Arsenal an Methoden und Flexibilität beim Einsatz. Nach einiger Zeit müssen Sie dann gar
nicht mehr lange überlegen, welche Strategie Sie anwenden.
Sondern entscheiden situativ und wechseln, wenn Ihnen ein
anderer Ansatz erfolgversprechender scheint. Das hat zudem
den Vorteil, dass Ihr Kommunikationsverhalten intuitiv und
natürlich wirkt, nicht kalkuliert und mechanisch angewendet.

**Daran denken, dass Sie sich innerhalb der Bran-
che immer wiederbegegnen**

Wenn Sie länger im Unternehmen bleiben wollen,
lohnt es sich, Vorgesetzte und Kollegen näher kennenzulernen, um sie einschätzen und einem Nervensägentyp zuordnen zu können. Das braucht eine gewisse Zeit, erlaubt Ihnen aber individuelle Strategien.
Identifizieren Sie in diesem Fall den Typ und folgen
Sie im jeweiligen Kapitel dem Abschnitt, um ihn sich
zum Freund oder sogar zum Verbündeten zu machen.
Ist absehbar, dass Sie sowieso nur kurz bleiben wollen,
kann das ebenso sinnvoll sein, weil Sie sich nach einigen Wechseln innerhalb der Branche trotzdem immer
wiedersehen werden. Die Blitzstrategien eignen sich
daher insbesondere für Ausnahme- und Notfälle und
wenn Sie keine Rücksicht auf Verluste, auch auf Ihrer
Seite, nehmen können oder wollen.

WENIGER ANGREIFBAR MACHEN, UM SICH ZU BEFREIEN

Dass nicht jeder gleich stark von Nervensägen belastet ist, hat einen Grund: Sie zeigen die Grenzen der eigenen Ressourcen auf, sprechen persönliche Zweifel, Ängste und Schuldgefühle an. Wer das angeht, kann sich davon befreien.

Wie sehr es auf die Umstände ankommt, wissen Eltern am besten. Würde eine beliebige Person einen regelmäßig anbrüllen, die Wohnung verwüsten, sich gelegentlich übergeben, einen »dumme Kuh« nennen und finanziell nie etwas beitragen – sie hätte bald Hausverbot. Beim eigenen Kind nimmt man das hin, freut sich über jeden Fortschritt und ist insgesamt äußerst versöhnlich eingestellt. Ähnlich inkonsequent sind wir oft auch bei Menschen mit bestimmten Verhaltensweisen, die wir manchmal als unmöglich empfinden, unter anderen Umständen aber überhaupt nicht.

An früherer Stelle haben wir bereits festgestellt, dass man auf Nervensägen durchaus nicht immer gleich empfindlich reagiert. Das hat zum einen mit dem Lebensalter zu tun. Ein wenig Erfahrung sorgt für persönliche Klarheit, Konsequenz und stärkere Prioritäten. Man hat gar nicht mehr die Lust, sich mit jedem zu beschäftigen und sich über alles aufzuregen. Aber weitere Gründe kommen dazu: Nervensägen zeigen Ihnen die bisherigen Grenzen Ihrer Ressourcen und

Persönlichkeit auf. Sie führen Sie an Ihr Limit. Damit können Sie der Anlass sein, Ihren Alltag, Ihr Selbstbild und Verhalten zu überdenken und anzupassen. Das ist meistens ungewollt und schmerzhaft, kann für Sie aber langfristig enorm wertvoll sein. Darum soll es in diesem Kapitel gehen.

Dafür sorgen, dass Sie genügend Kraft und Nerven haben

Es ist selbsterklärend, dass Sie vieles leichter nehmen, wenn Sie sich erholt und entspannt fühlen und Ihre beruflichen und privaten Verpflichtungen ohne allzu große Mühe erledigen können. Dann lächeln Sie über einen nervigen Chef oder Kollegen. Er ist keine zusätzliche Bürde, die Sie überlastet, eher eine skurrile Randnotiz. Ganz anders sieht das aus, wenn Sie erschöpft, angespannt und völlig überlastet sind. Dann wird jeder ärgerliche Satz, jede weitere Schwierigkeit zu etwas, das Ihre Grenzen des Erträglichen überschreitet.

Achten Sie deshalb auf die ersten Anzeichen: Sie werden ungeduldiger und schärfer, fühlen sich schneller angegriffen und verletzt als sonst. Brechen vielleicht sogar in Tränen aus oder zittern am ganzen Körper, obwohl das sonst gar nicht Ihre Art ist. Dann ist es Zeit, mehr auf die eigene Erholung zu achten und etwas für sich zu tun. Ein Urlaub kann ein Anfang sein, ersetzt aber nicht, dass Sie Überstunden möglichst vermeiden und sich mindestens einen Wochentag (zum Beispiel Sonntag) komplett arbeitsfrei halten. Handeln Sie verlängerte Fristen aus, eventuell ein Budget für zusätzliche freie oder temporäre Mitarbeiter. Alles, was Sie entlastet.

Dabei ist klar, dass viele Arbeitgeber zunächst einmal ausreizen, was die eigene Belegschaft hergibt, auch wenn der Krankenstand noch so hoch ist. Hier gilt: Als Angestellter brauchen Sie eine unzureichende Personalausstattung nur begrenzt aufzufangen. Manchmal muss erst ein wichtiges Projekt scheitern, ehe die Leitung aufwacht und endlich reagiert. Ich hatte ehemalige Kollegen, die das ewige Überstundenproblem nach jahrelangem Streit zwischen Management und Betriebsrat erst mit einer Beschwerde bei der örtlichen Gewerbeaufsicht lösten. Plötzlich war der Acht-Stunden-Arbeitstag da, bis heute auf die Minute genau eingehalten.

Achten Sie auch darauf, dass Ihre Freizeit möglichst entspannend verläuft. Solch eine Phase eignet sich nicht unbedingt für anstrengende Dating-Abenteuer, ein Triathlon-Training oder private Großprojekte (zum Beispiel ein kurzfristiger Hauskauf auf Kredit). Wenn Sie sich ständig angespannt fühlen, ist es manchmal für einige Zeit am besten, wenn Sie nur gelegentlich leichten Sport machen, früh ins Bett gehen und selbst auf weite Reisen verzichten.

Weniger Sorgen

Der Umgang mit Nervensägen fällt auch wesentlich leichter, wenn Sie ansonsten nicht allzu viele Sorgen und Ängste haben. Achten Sie also darauf, dass Sie ein Leben mit Reserven führen – beginnend beim Geld. Wenn Sie keine Schulden und einige Ersparnisse haben, sorgen Sie sich naturgemäß weniger, weil Sie wissen, dass Sie Risiken nicht übermäßig fürchten müssen. Sie könnten sie im Notfall abfedern oder sich Hilfe holen. Achten Sie also auf Ihre Ausgaben, und oft braucht es dafür gar keine großen Einschränkungen.

So habe ich mir beispielsweise seit Ewigkeiten kein neues Handy mehr gekauft und schon gar nicht in Ratenzahlung, um die es sich bei einem »Vertrag« handelt, der einen, neben dem einkalkulierten Neupreis für das Gerät plus Verzinsung, an bestimmte Tarife bindet. Stattdessen kaufe ich meine Handys immer neuwertig gebraucht, meist zu weniger als der Hälfte des regulären Preises und offen für jeden günstigen Tarif. Mein aktuelles Modell ist fünf Jahre alt, damals gebraucht gekauft, und erfüllt noch immer seinen Zweck. So ließe sich jeder Lebensbereich durchgehen, aber Sie haben verstanden, worauf ich hinauswill: Erhalten Sie sich finanzielle Beweglichkeit, soweit Ihnen das möglich ist. Viele Kleinigkeiten addieren sich hier über das Jahr zu großen Beträgen.

Einer meiner Klienten war genervt von seinem Job, um den ihn andere beneidet hätten: eine Führungsposition bei einem angesehenen Arbeitgeber in einer attraktiven Großstadt. Aber er stellte nach einem Jahr fest, dass Kultur und Aufgaben nicht zu ihm passten. Die meisten wären gezwungenermaßen geblieben, hätten sich durch jede Arbeitswoche gequält und Bewerbungen verschickt in der Hoffnung, etwas Besseres zu finden (typisch für den Zögerer, Typ 3). Er dagegen hatte, obwohl noch keine 40 Jahre alt, bereits eine abbezahlte Eigentumswohnung und lebte ansonsten ausgesprochen sparsam. So konnte er diese vermieten, sich aufgrund der Sicherheit und der monatlichen Mieteinnahme eine weitere kaufen und – bei minimalen persönlichen Fixkosten – selbstständig machen. Damit war das keine riskante Mutprobe, sondern vor allem eine organisatorische Frage.

Andererseits sehe ich viele Berufstätige, die gar nicht schlecht verdienen, aber noch mehr ausgeben, und eben häufig weit mehr als das Notwendige. Aufwendige Reisen, gar nicht benötige Kleidung, teure Sportausrüstung, jedes Jahr neue elektronische Geräte, obwohl die vorhandenen noch gut funktionieren, diverse Abos für Unterhaltung von Netflix bis Spotify. All das ist schön und erlaubt, kostet aber die Freiheit, eventuellen Nervensägen schnell »Goodbye« zu sagen. Zwischen beiden Extremen sollten Sie Ihren Platz finden.

Mehr Distanz

Im Kapitel zu den Blitzstrategien haben wir bereits verschiedene Ansätze besprochen, die Sie bei der inneren Distanzierung unterstützen. Humor – über eine schwierige Person oder Situation und sich selbst lachen können – gehört dazu. Gerade in schwierigen Phasen sollten Sie darauf achten, sich nicht noch ständig belastende Nachrichten und Talkshows anzutun. Die meisten Ereignisse, die dort besprochen werden, haben Sie weder verursacht noch können Sie sie beeinflussen. Dafür ist unser System der repräsentativen Demokratie auch nicht ausgelegt. Vereinfacht ausgedrückt: Sie bezahlen in Deutschland – und mit Ihren Steuern nicht zu knapp – Berufspolitiker dafür, dass sie sich darum kümmern. Es ist damit nicht mehr Ihr Job und Ihre inhaltliche Mitsprachemöglichkeit ist sowieso minimal (anders als beispielsweise beim Schweizer Demokratiemodell). Lassen Sie hier also ein wenig los. Sie sind nicht der Zweit-Kanzler.

Es ist gut, zu einem gewissen Grad informiert zu bleiben. Aber die meisten tagesaktuellen Aufregungen sind bald wieder vergessen und betreffen Sie praktisch sowieso nicht. Sie müssen auch nicht alles auf Facebook ausdiskutieren, bis Sie sich mit allen zerstritten, aber trotzdem nichts geändert haben (das ist eher die Arena für den Rechthaber, Typ 2). Nutzen Sie Ihre begrenzte Zeit und Energie lieber, sich ein wenig tiefer zu informieren, indem Sie beispielsweise sachlich gehaltene Bücher und Artikel lesen. Haben Sie aber vor allem Spaß und Freude. Schauen Sie sich lustige Serien und Programme an, freuen Sie sich an Kunst, Kultur und Musik, pflegen Sie Hobbys. All das wirkt allzu viel Schwere im Job entgegen.

Gelegentlich ist es auch möglich, körperliche Distanz zu Nervensägen zu schaffen. Das teilweise zweijährige Homeoffice in der Coronazeit hat so manchen Berufstätigen gezeigt, dass nicht der Job das Problem war, sondern konkrete Vorgesetzte und Kollegen. Schon der reduzierte Kontakt über Zoom, Telefon und E-Mail war eine enorme Erleichterung, umso mehr der Verzicht auf persönliche Gespräche und Konferenzen. Wenn Sie Nervensägen belasten, können Sie vielleicht noch auf anderen Wegen für Abstand sorgen: Ein bis zwei Homeoffice-Tage pro Woche sind meist weiterhin möglich, keine gemeinsamen Mittagessen in der Kantine sind ebenso hilfreich wie bei stärkerer Belastung, eventuell auch Ihr Wechsel in eine angenehmere Abteilung.

Innerhalb einer Woche immer wieder erholen, damit Sie gesund bleiben

Generell sollten Sie sich innerhalb einer Arbeitswoche immer wieder regenerieren, nach fünf Arbeitstagen also höchstens so erschöpft sein, dass Sie nach zwei freien Tagen (meist Wochenende) wieder frisch wie zuvor sind. Nur im Ausnahmefall – etwa bei einem besonderen Projekt – kann das einmal ein Monats- oder Quartalsrhythmus sein. Genügt Ihnen die laufende Woche ständig nicht zur Erholung, ist es Zeit für grundlegendere Veränderungen: weniger Arbeit, mehr Erholung. Nur so bleiben Sie auf Dauer gesund und leistungsfähig.

Erkennen, womit andere Sie besonders leicht treffen

Ein zweites Potenzial, neben dem persönlichen Ressourcen-Management, liegt in der Reflektion, welche Nervensägen Sie besonders leicht treffen und warum. Gehen Sie die sieben

Typen, die wir kennengelernt haben, gedanklich noch einmal durch, bei Bedarf mithilfe des Inhaltsverzeichnisses. Welche regen Sie am meisten auf, frustrieren und erschöpfen Sie besonders oder lassen Sie sich vielleicht ganz hilflos fühlen? Das hat oft weniger damit zu tun, »wie schlimm« sie objektiv sind, sondern damit, was Sie subjektiv bei Ihnen an Erinnerungen und Assoziationen anstoßen. Oft erinnern Sie an frühere prägende Erlebnisse, die für Sie einschüchternd, beängstigend oder frustrierend waren was fast vergessen schien.

Dabei kommen alte Verletzungen und unschöne Gefühle wieder zutage, etwa Neid, verletzter Stolz, Eifersucht, Wut und Enttäuschung. Es wäre unfair, sie der aktuellen Nervensäge vorzuwerfen, die Sie zwar daran erinnert, nicht aber die Ursache für Ihre Verletzbarkeit ist. Gestehen Sie sich stattdessen in einem stillen Moment ein, was Sie wirklich fühlen und denken. Auch professionelle Hilfe kann hier sehr hilfreich sein, wenn Sie sich dazu bereit fühlen.

Wer nervt Sie besonders und warum? Vieles lässt sich bereits aus den ausführlichen Beschreibungen ableiten. Aber hier einige Gedanken dazu. Sehen Sie sie nicht als Schuldzuweisungen, sondern als Gelegenheit für eine seelische Inventur.

- **Ewige Opfer (Typ 1) nerven Sie,**
  wenn es immer nur um andere ging
  Für das ewige Opfer sind Sie anfällig, wenn Sie in früheren Jahren gelernt haben, dass Sie sich Liebe und Anerkennung erst verdienen müssen und Ihre Bedürfnisse erst anmelden dürfen, wenn kein anderer mehr einen offenen Wunsch hat. Da das nie der Fall ist, finden Sie sich fortgesetzt in der Lage wieder, dass Sie anderen helfen und selbst zurückstehen. Sie fühlen sich für alle anderen verantwortlich und vernachlässigen dafür sich selbst.

- **Rechthaber (Typ 2) herrschen über Sie,
  wenn Sie Angst haben**
  Der Rechthaber hat Macht über Sie, wenn Sie gelernt
  haben, dass Sie sich vor dominanten, emotional un-
  berechenbaren Menschen besser in Acht nehmen sollten, weil Sie ihnen nicht gewachsen wären. Das ist
  typischerweise der Fall, wenn Sie psychische oder körperliche Dominanz durch andere erleben mussten. So
  hoffen Sie, auf der Seite des vermeintlich Stärkeren zu
  stehen, oder zucken vor seiner Wut zurück (»Zucker-
  brot und Peitsche«).

- **Zögerer (Typ 3) regen Sie auf,
  wenn Sie selbst unsicher sind**
  Der Zögerer regt Sie besonders auf, wenn Sie den Eindruck haben, sich selbst nicht genug weiterzuentwickeln und wichtige Entscheidungen zu vermeiden. Er
  spiegelt Ihnen Ihr Verhalten auf unangenehme Weise
  wider und zeigt Ihnen auch den tieferen Grund dafür: zu wenig Selbstsicherheit, um sich stärker zu zeigen und mehr zu wagen. Das liegt meist daran, dass Sie
  sich früher kleinmachen mussten, also besser nicht aufgefallen sind.

- **Helferseelen (Typ 4) ärgern Sie,
  wenn Sie es schwer hatten**
  Die Helferseele nervt Sie, wenn Sie sehr leistungsorientiert sind, deshalb wenig Verständnis dafür haben, dass
  andere bemuttert werden. Das ist meist der Fall, wenn
  Sie sich bisher immer beweisen und stark sein mussten.
  Da erscheint es als Ungerechtigkeit, wenn andere es
  nun leichter haben. Das erinnert Sie in einer Mischung
  aus Stolz und Enttäuschung daran, wie schwierig Ihr

Weg war und dass Sie sich seinerzeit mehr Hilfe gewünscht hätten.

- **Problemlöser (Typ 5) nerven,**
  weil sie an Unzulänglichkeiten erinnern
  Der Problemlöser regt Sie auf, wenn Sie sich ihm unterlegen und generell minderwertig fühlen. Das kann an einem fehlenden oder zu niedrigen Bildungsabschluss liegen, aber auch tiefer in Ihrer Herkunft verwurzelt sein, die Sie als nicht ideal empfinden (zum Beispiel aus dem Arbeitermilieu aufgestiegen). So entsteht Ihr Eindruck, dass Ihre Stärken nicht gesehen und geschätzt werden, während man Sie an etwas misst, bei dem Sie sich unsicher und schwach fühlen.

- **Weltverbesserer (Typ 6) ärgern,**
  wenn Sie heimlich neidisch sind
  Der Weltverbesserer ärgert Sie besonders, wenn Sie immer zu kämpfen hatten (zum Beispiel mit Geldsorgen). Nun sehen Sie sich jemandem gegenüber, der, nach Ihrer Wahrnehmung, in höheren Sphären schwebt und auf Sie herabblickt. Sie reagieren trotzig, weil Sie insgeheim einen heimlichen Neid spüren, den Sie aber lieber verbergen. Eigentlich würden Sie auch gern an den großen Visionen arbeiten, konnten und durften sich das jedoch nie erlauben.

- **Welterklärer (Typ 7) nerven,**
  wenn sie Ihren Stolz verletzen
  Der Welterklärer nervt Sie besonders, wenn Sie sich ein sehr praktisches, handfestes Herangehen erarbeiten mussten, meist mangels anderer Möglichkeiten. Nun sehen Sie, dass jemand als Theoretiker eventuell

sogar erfolgreicher ist. Das verletzt Ihren Stolz auf das Erreichte, selbst wenn es weit über dem Durchschnitt liegt. Doch die empfundene Abwertung der eigenen Lebensleistung geht tiefer, da die Nervensäge auch Ihre Gefühle nicht versteht und teilt.

Langer Prozess

Meist ist es ein jahrelanger Prozess, derartige eigene Prägungen und Verhaltensmuster zu erkennen, zu verändern und danach zu hinterfragen, ob die persönliche Interpretation der eigenen Biografie und der Handlungen anderer wirklich der Realität entspricht oder doch ein wenig differenzierter gesehen werden könnte. Falls Sie das als hilfreich erachten würden: Professionelles Coaching und Therapie sind die passenden Wege dafür. Aber Sie können auch allein beginnen, indem Sie einmal einen ausführlichen Lebenslauf (mindestens vier DIN-A4-Seiten lang) schreiben, Ihren Stammbaum erstellen, Erinnerungen anderer Familienmitglieder sammeln und mit Ihren vergleichen. Auch geführte Selbsthilfegruppen sind oft hilfreich. Abraten würde ich von Internetforen und Facebook-Gruppen, denen eine professionelle Führung fehlt und der Umgangston oft schnell unangenehm wird.

Bei amateurhaften Selbsttherapien kann es geschehen, dass seelische Wunden wieder aufreißen, die verheilt schienen, Sie damit aber allein bleiben. Ich habe schon von Betroffenen gehört, bei denen das nach der Lektüre eines interessanten, aber für sie ungeeignetes Buches oder dem Besuch eines Seminars ohne ausgebildete Begleiter der Fall war. Retraumatisierung – das Wiedererleben einer verstörenden Situation – kann eine sinnvolle therapeutische Behandlungsmethode sein, aber auch ein schwerer, anhaltender Rückschlag.

Überlegen Sie also immer, wem Sie sich anvertrauen, ob die Umstände und angewandten Methoden der Ernsthaftigkeit Ihrer Situation angemessen sind. Grundsätzlich vertrete ich nicht die Ansicht, dass jede Lebenskrise einen Therapeuten benötigt, wie heute manchmal fast der Anschein erweckt wird. Das meiste lässt sich allein oder im persönlichen Umfeld mit Partner, Familie und Freunden lösen und bewältigen. Aber wenn Sie schwerwiegende, gar traumatisierende Erlebnisse der Vergangenheit neu angehen und verarbeiten wollen, sollten Sie fachlich entsprechend ausgebildete und persönlich über jeden Zweifel erhabene Begleiter auswählen.

Im Rückblick dankbar für das sein, was Sie von Nervensägen lernen mussten

Ihr erfolgreicher Reife- und Heilungsprozess zeigt sich darin, dass Sie einer Nervensäge rückblickend dankbar sein können. Durch sie wurden Sie gezwungen, problematische Teile Ihrer Persönlichkeit und Ihres Verhaltens anzugehen und zu korrigieren. Ein aggressiver Rechthaber (Typ 2) hat Sie vielleicht endlich dazu gebracht, keine Angst mehr vor Konfrontationen zu haben und für sich einzustehen. Von einer übergriffigen Helferseele (Typ 4) haben Sie möglicherweise gelernt, sich auch aus gut gemeinter Bevormundung zu befreien. Dank eines Weltverbesserers (Typ 6) haben Sie den Stolz auf Ihren Pragmatismus und Ihren eigenen Willen entwickelt. Schwierige Menschen sind oft ungewollte, aber wertvolle Lebenslehrer. Das überwiegt langfristig die Verletzungen, die sie Ihnen zugefügt haben, und erlaubt späte Dankbarkeit.

GRENZEN GEGEN DROHUNGEN UND UNVERSCHÄMTHEITEN

Wenn Nervensägen bedrohlich oder aggressiv werden, helfen in schweren Fällen die Personalabteilung und der Betriebsrat. Aber häufig geht es um kleinere, dafür umso zermürbendere Kämpfe. So wehren Sie sich und setzen stärker Grenzen.

Die großen Schlachten mögen in Unternehmen um strategische Entscheidungen, Budgets und Stellenschlüssel geschlagen werden. Lange baut sich da die Spannung auf, um sich endlich in einem Knall – personelle Umbauten, Streichungen, Abgänge an höchster Stelle – zu entladen. Doch wirklich zermürbend sind die Belagerungsgefechte, die harmlos wirken, wenn man sie nicht selbst ausfechten muss. Die Frage, ob das Fenster im geteilten Büro gekippt bleiben darf oder geschlossen werden muss, kann zu jahrelangen Grabenkämpfen führen. Der Attacke, dass jemand »immer« seine benutzten Kaffeetassen in die Spüle statt, wie vorgeschrieben und sogar darüber auf einem Zettel vermerkt, in den Geschirrspüler stelle, kann ein unerwarteter Gegenangriff folgen: »Füll du erst mal das Druckerpapier auf, wenn du es schon ständig aufbrauchst! Glaubst du, wir merken nicht, dass du immer nur darauf wartest, dass einer von uns so blöd ist?!«

In verfeindeten oder zerstrittenen Teams belauern sich bald alle gegenseitig, zum Kampf entschlossen. Geht ein Anruf auf allen Apparaten in der Abteilung gleichzeitig ein, weil die Sekretärin frei hat oder krank ist – wer verliert zuerst die Nerven und nimmt ab? Laufen die Support-Anfragen im Projektmanagement-Tool Jira auf – wer gibt zuerst zu, dass er doch gar nicht so beschäftigt ist, dass er keine mehr annehmen könnte? Ist im Team-Kühlschrank wieder einmal eine Lasagne, Eiersalat im Becher oder ein Fruchtzwerg von 2019 verschimmelt – wer muss die eklige Entsorgung übernehmen?

Schnell führt das zu Wutausbrüchen, mehr oder weniger lautstarkem Schimpfen, auch über den Arbeitgeber generell, und einem allgemein aggressiven Verhalten. Normalerweise wissen die gemeinsamen Vorgesetzten davon, wollen sich aber nicht einmischen, weil die Schuldfrage doch nie so eindeutig zu klären scheint. So verlegen sie sich lieber darauf, es als Streit unter Kollegen abzutun. Man möge sich doch bitte »untereinander einigen«, auch wenn das nie funktioniert.

Bald läuft jede beteiligte Nervensäge zu Hochform auf und setzt ihre eigenen Waffen ein. Das ewige **Opfer (Typ 1)** bricht in Tränen aus, rennt vielleicht vom Konferenztisch aus dem Raum, während sich die Kollegen ratlos anschauen. Der **Rechthaber (Typ 2)** brüllt oder streitet, wenn er bereits eine Verwarnung hinter sich hat, in scharfem Ton und mit einem giftigen Lächeln. Der **Zögerer (Typ 3)** reagiert mit sarkastischen Bemerkungen und will nur noch nach Hause. Die **Helferseele (Typ 4)** empört sich, aber um ihr Team zu retten. Der **Problemlöser (Typ 5)** will den Sachverhalt aufklären und atmet zuvor tief durch, wie er es immer mit der Headspace-App geübt hat. Der **Weltverbesserer (Typ 6)** verweist auf größere gesellschaftliche Konflikte, die sich hier gerade im Kleinen widerspiegelten. Der **Welterklärer (Typ 7)** beobachtet nur und überlegt, ob Freud oder Jung hier richtig lägen.

Soweit es organisatorisch und räumlich möglich ist, kann man versuchen, besonders aggressiven Kollegen für einige

Zeit auszuweichen. Doch wenn sich die Situation über Monate oder gar Jahre hinzieht, kann sie zu einer ernsthaften Belastung werden. Wer etwa einen cholerischen Kollegen hat, fühlt sich oft verängstigt, hilflos und zweifelt an sich selbst. Reagiert man überempfindlich, was lässt sich im Ernstfall überhaupt beweisen? Hier einige Strategien, wie Sie sich wehren und die Situation für sich selbst verbessern können.

Klarmachen, dass dieses Verhalten unerwünscht ist

Zuerst sollten Sie dem Kollegen, bei dem die Hauptschuld für die Eskalation liegt und der besonders aggressiv auftritt, klarmachen, dass sein Verhalten unerwünscht ist. Das klingt banal, doch nicht jedem ist klar, dass er sich daneben benimmt. Mancher meint, er sei eben »ein bisschen temperamentvoll«, »habe doch recht« und man solle sich doch mal »nicht so anstellen«. Hier können Sie schon einmal klar sagen: »Wie du dich benimmst, das geht nicht.« Bleiben Sie dabei ruhig und sachlich, um sich nicht selbst angreifbar zu machen. Sie könnten mitteilen, dass Sie das nicht hinnehmen und beim nächsten Mal neben dem Vorgesetzten auch die Personalabteilung oder den Betriebsrat informieren werden. Im Zweifel lohnt sich auch eine anwaltliche Beratung.

Wenig Sinn hat es in der akuten Situation, dem Kollegen inhaltlich zu widersprechen, sich selbst zu rechtfertigen oder mit Argumenten kontern zu wollen. All das würde den anderen nur anstacheln, wenn er überhaupt zuhört. Den gleichen Effekt hat der Versuch, besänftigen und beruhigen zu wollen. Das kommt oft so an, als wollten plötzlich Sie sich herausreden. Tränen lösen eher Verachtung als Mitgefühl und ein Umdenken aus. Versuchen Sie also, das Ganze so distanziert wie möglich anzugehen, auch wenn es Sie herausfordert.

Demonstrativ das Gespräch beenden

Im Einzelfall können Sie aus dem Zimmer gehen, um die Situation zu deeskalieren: »So lasse ich nicht mit mir sprechen. Ich komme in fünf Minuten wieder, wenn du dich beruhigt hast.« Häufig wiederholen können Sie das allerdings nicht, der Effekt nutzt sich ab. Zudem bringen Sie sich damit in die Situation, dass Sie möglicherweise Ihren Arbeitsplatz verlassen, an dem Sie natürlich Ihre Arbeit verrichten müssen. Auch regelmäßige Beschwerden beim Chef nutzen sich bald ab. Am Ende gelten Sie selbst als nerviger Querulant.

Eine Schwierigkeit ist, dass »aggressiv« eine sehr persönliche Einordnung darstellt und ganz unterschiedlich beurteilt wird. In vielen Fällen ist es nämlich nicht so, dass die betreffende Person sich tatsächlich lautstark aufregt, jemanden aggressiv angeht oder gar anschreit. Mancher redet sich bei einem Sachthema in Rage und kann einfach nicht mehr aufhören. Andere heben kaum ihre Stimme, verletzen andere aber durch subtile Wortwahl und Tonfall so, dass sie in Tränen ausbrechen. Auch die persönliche Empfindlichkeit spielt eine Rolle dabei, wie sehr Sie solch ein Kollege stört.

Notieren Sie sich in jedem Fall, welche Äußerungen genau gefallen sind und in welchem Zusammenhang. Insbesondere bei Beschimpfungen, Unterstellungen und Drohungen ist es wichtig, sie für spätere Gespräche mit dem Chef, dem Betriebsrat oder der Personalabteilung dokumentiert zu haben. Heimliche Tonaufnahmen gehen dagegen nicht! Manche Nervensägen haben ihre Methode allerdings angepasst, um sich nicht so leicht angreifbar zu machen: Wer andere mit sarkastischen oder ironischen Bemerkungen angreift, lässt sich nur schwer mit Wortprotokollen überführen.

Sehr unterschiedliche Wahrnehmung, welches Verhalten aggressiv ist

Jeder Nervensägentyp nimmt aggressives Verhalten anders wahr. Das **ewige Opfer (Typ 1)** fühlt sich schnell noch stärker bedroht. Der **Rechthaber (Typ 2)** schlägt im gleichen Stil zurück, ganz in seinem Element. Der **Zögerer (Typ 3)** lässt sich nicht einschüchtern, ist nur noch mehr frustriert, dass er da mitmachen muss. Die **Helferseele (Typ 4)** hat keine Angst, sondern eher Beschützerinstinkte anderen gegenüber. Der **Problemlöser (Typ 5)** kann dagegenhalten und bleibt dabei kühl, ist aber von dem Niveau abgestoßen. Der **Weltverbesserer (Typ 6)** ist nicht verängstigt, sondern schockiert. Der **Welterklärer (Typ 7)** schüttelt, emotional unberührt, nur den Kopf.

Ich-Botschaften fragwürdig

Oft werden Ich-Botschaften (»Ich fühle mich von deinem Verhalten verletzt«) empfohlen. Für meinen Geschmack sind derartige Aussagen weinerlich und kraftlos, zudem behandeln sie das falsche Thema. Es geht hier nicht vorrangig darum auszudrücken, wie Sie sich fühlen, sondern darum, jemandem eine Grenze zu setzen, die nicht besonders erklärt und begründet werden muss. Es handelt sich schlicht um das geforderte Mindestmaß an professionellem Auftreten und allgemeinem Anstand. Ich-Aussagen eignen sich eher für ein Hintergrundgespräch, wenn sich die Aufregung ein wenig gelegt hat und beide Beteiligte offen dafür sind.

Falls Sie die Energie haben und willens sind, sich auf den Kollegen einzulassen und seine Motivation zu ergründen, können Sie die Beziehung nachhaltig verbessern und ihn nicht selten sogar zu einem Freund machen. Lesen Sie dazu bei Bedarf noch einmal bei den Empfehlungen zu den sieben Nervensägentypen nach. Vielfach werden Sie entdecken, dass der Kollege, der Ihnen eben noch Angst gemacht oder Sie zumindest verunsichert hat, unter großer Anspannung steht, mit der er nicht umgehen kann, und deswegen selbst ängstlich und unsicher ist. Wenn Sie ihm in ruhigen Momenten mit offenen, interessierten Fragen begegnen und aufmerksam zuhören, ist die Chance groß, dass er in Ihnen schnell eine Vertrauensperson sieht, die er respektiert und zukünftig ebenbürtig behandelt. Plötzlich verstehen Sie einander.

Eine entscheidende Wende für Sie selbst können Sie herbeiführen, wenn Sie sich die Zeit nehmen und zum Beispiel in einem Coaching erkunden, was das cholerische Verhalten anderer bei Ihnen auslöst. Bekommen Sie Angst, fühlen Sie sich klein und hilflos? Fühlen Sie die kalte Wut in sich aufsteigen, möchten Sie am liebsten zurückschlagen? Meist stecken Prägungen aus der Kinder- und Jugendzeit hinter diesen Reaktionen, die Sie als Erwachsener aber komplett verändern können. Andere haben dann keine Macht mehr über Sie: Einen cholerischen Ausbruch beobachten Sie eher mit distanziertem Interesse, als dass Sie sich davon betroffen fühlen.

Schwierig auflösbar, wenn der Chef aggressiv ist

Bei einem aggressiven Chef gelten im Grunde die gleichen Empfehlungen. Sie haben hier aber einen entscheidenden Nachteil: Ihnen fehlt die hierarchische Unterstützung von oben, da der direkte Vorgesetzte nicht nur als Ansprechpartner ausfällt, sondern selbst das Problem darstellt. Sie können zwar eine Ebene höher gehen (und sich zum Beispiel beim Bereichsleiter über den Abteilungsleiter beschweren) und sich zusätzlich an Betriebsrat oder Personalabteilung wenden. Das Dilemma dabei ist allerdings: Sie sind gezwungen, Ihren Vorgesetzten zu umgehen und anzuschwärzen – schwerlich eine gute Basis für die weitere Zusammenarbeit. Hinzu kommt, dass Sie, je weiter Sie nach oben gehen, immer weniger Kenntnis von und Interesse an der Sache vorfinden werden. Bald haben Sie den Eindruck, selbst lästig zu sein.

Zudem sind die Vorwürfe selten schwerwiegend genug, als dass der Arbeitgeber den Chef abmahnen oder gar absetzen würde (strafrechtlich relevante Fälle selbstverständlich ausgenommen). Typischerweise wird er wahrscheinlich ermahnt und vielleicht zu einem Konflikttraining geschickt, um danach von offener zu passiver Aggressivität zu wechseln. Ihr Leben würde etwas leichter, aber nicht entscheidend besser. Bei einem aggressiven Chef empfiehlt es sich daher, nach mehreren erfolglosen Versuchen nicht mehr zu viel Zeit zu verlieren, sondern sich nach einer neuen Stelle umzusehen oder eine geplante Selbstständigkeit anzugehen. Die Bereitschaft dazu gibt Ihnen auch das Selbstvertrauen und die innere Stabilität, die anderen ohne viel Worte signalisiert: So redet keiner mit mir, das habe ich gar nicht nötig.

Gelegentlich kommt es vor, dass Sie den objektiven Überblick über die Situation verloren haben, ohne das noch erkennen zu können. Das ist typisch, wenn mehrere schwierige Faktoren zusammentreffen. Ein Beispiel: Sie haben - mangels Alternative – eine Stelle angenommen, zu der Sie lange pendeln müssen. Gleichzeitig werden Sie daheim stärker gebraucht, weil ein Elternteil oder Kind besondere Hilfe braucht. Dazu erkranken Sie, sind knapp bei Kasse – und dann kommen noch Probleme mit dem Chef dazu.

Dieses Szenario klingt konstruiert, kommt aber so ähnlich regelmäßig vor, wenn es vorgeblich um »Mobbing« (die Spezialität von Nervensägen-Typ 2) geht. Einzelne Faktoren wären für sich noch zu bewältigen gewesen. Aber blieben sie ungelöst, addieren sich im Laufe der Zeit weitere dazu, bis die Situation nicht mehr zu bewältigen scheint. Hier ist es sehr hilfreich, anderen ungeschönt Ihre Situation mit allen Aspekten zu schildern. Der andere muss gar nicht groß helfen. Schon das Aussprechen ordnet die Gedanken, stößt eventuell neue Lösungsideen an oder stärkt den Entschluss, gewisse überfällige Entscheidungen nun endlich anzugehen.

Wenn Sie häufig Angst haben, stärken Sie Ihre kämpferische Seite

Wenn Chefs oder Kollegen Sie regelmäßig einschüchtern oder ängstigen, kann es für Sie sehr hilfreich sein, sich sportlich zu stärken. Insbesondere Kampfsportarten wie Ringen, Boxen, Karate oder Judo sowie Kombinationen (Mixed Martial Arts) haben sich hier bewährt. Gar nicht, weil Sie sich im Job selbst verteidigen müssten, sondern weil Sie lernen, mit eigener und fremder Aggression umzugehen. Ihre Körperhaltung wird aufrechter und selbstsicherer sein, und Ihre Ausstrahlung vermittelt, dass man sich mit Ihnen einfach besser nicht anlegt. Derartige Kurse gibt es für Männer, Frauen und Kinder. Vielleicht ist sogar ein Kollege interessiert und schon haben Sie einen Trainingspartner.

WIE SAGE ICH ANDEREN AM BESTEN, DASS SIE NERVEN?

Manchmal ist es notwendig, Chefs oder Kollegen zu kritisieren oder Probleme anzusprechen. Sie erreichen dabei am meisten, wenn Sie niemanden unnötig verletzen. Für jeden Nervensägentyp empfiehlt sich eine andere Strategie.

Bei all der Kritik, die ständig überall geäußert wird, ist es sehr erstaunlich, dass überhaupt noch jemand »nicht« perfekt ist. Dabei bemühen sich unsere Mitmenschen doch wirklich, uns fortlaufend mitzuteilen, wo unsere Ansichten daneben liegen, wie verbesserungswürdig unsere Leistungen sind und was wir sonst noch so alles falsch machen. Bei Kindern wird zwar seit einigen Generationen praktisch alles gelobt. Ein Rülpser nach der Mahlzeit? »Ganz toll, mein Schatz, super gemacht!« Eine verkrakelte Zeichnung? »Kommt gleich an unseren Kühlschrank, du kleiner Michelangelo.« Eine misslungene Klassenarbeit? »Da hat nur deine Lehrerin wieder nicht erkannt, dass du deine eigene Perspektive einbringst. Schon Einstein hat gesagt, dass jeder ein Genie ist – das stand jedenfalls im Mama-Blog. Wir reden gleich morgen mit der Schule.« Der Kleine ist ziemlich dick und schon beim Treppensteigen außer Atem? »Wir lassen uns von der Gesellschaft doch keine körperfeindlichen Ideale aufdrücken. Jeder ist wunderschön auf seine Art, auch mit Diabetes!« Aber am Ende werden aus diesen Kindern immer Erwachsene, die alles kritisieren. Nur heute »achtsamer« verpackt: »Ich möchte dich dazu einladen, darüber nachzudenken, wie dämlich du eigentlich bist.«

Effektive Kritik ist schwierig. So kennt beispielsweise jeder, der einmal ein Kommunikationsseminar besucht oder ein entsprechendes Buch gelesen hat, die »Sandwich-Methode«: ein Lob, danach Kritik, danach wieder Lob. Das ist gleichzeitig aber auch das Problem dieser Vorgehensweise: Jeder durchschaut sie sofort, sie wirkt manipulativ und ungeschickt. Auch sonst scheitern alle Ansätze, die »für alle« funktionieren sollen. Wie Sie wissen, brechen aber manche schon bei einer sacht kritischen Andeutung in Tränen aus: »Jetzt sagst du mir also auch noch, dass ich ein totaler Versager bin…« Bei anderen ruft selbst Anschreien und offene Gewaltandrohung nur ein mokantes Lächeln hervor: »Na, dann mach mal. Bisher sind alle damit gescheitert.«

Grundsätzlich dürfen Sie zu jedem alles sagen. Aber Sie erreichen am meisten, wenn Sie andere nicht unnötig verletzen und damit bestehende Beziehungen nicht beschädigen, sondern möglichst verbessern. So sollten Sie Ihre Kritik und Ihre Wünsche so ausdrücken, dass Ihr Gegenüber sie versteht und gern annimmt. Damit verhindern Sie unnötige Trotzreaktionen oder sogar Gegenangriffe, die Sie gar nicht weiterbringen und Ihnen noch Feinde machen. Für jeden der sieben Nervensägentypen ist dabei eine andere Strategie am effektivsten.

Ewige Opfer (Typ 1): Behutsam ansprechen und ermutigen

Diese Nervensägen fühlen sich sowieso schon ständig eingeschüchtert und bedrängt, sind sehr ängstlich und empfindlich. So sollten Sie besonders feinfühlig und rücksichtsvoll vorgehen. Formulieren Sie Ihre Kritik ganz behutsam, auch wenn es Sie zu drastischeren Worten drängt. Sie wird auch so verstanden, jede negative Äußerung sogar verstärkt wahrgenommen. Vermeiden Sie Drohungen und persönliche Angriffe. Sie wollen schließlich nicht, dass Ihr Gegenüber verzweifelt zu weinen beginnt, sondern sein Verhalten ändert. Am besten verpacken Sie Ihre Kritik in eine praktische Empfehlung. Zum Beispiel könnten Sie sagen: »Ich habe bemerkt, dass du sehr oft darüber sprichst, was alles ein Problem ist. Das zieht dich und alle anderen natürlich noch mehr runter. Auch wenn es nicht einfach ist: Versuch doch einmal, vor allem das zu betonen, was gut funktioniert. Das motiviert uns alle und dann geht man auch Probleme leichter an.« Im besten Fall drücken Sie sich pragmatisch und aufmunternd aus, indem Sie Ihr Zutrauen ausdrücken, dass Ihr Gegenüber besser werden kann und mit seinen Bemühungen nicht allein ist: »Du hast schon so viel geschafft und durchgestanden, worauf du stolz sein kannst. Zusammen kriegen wir das hin!«

Rechthaber (Typ 2): Grenze setzen, dann versöhnlich werden

Ganz anders gehen Sie vor, wenn Sie diese angriffslustige, oft aggressive Nervensäge kritisieren wollen. Sie hat keine Angst vor Konfrontationen, sondern sucht sie geradezu. Aber es ist nicht in Ihrem Interesse, sich in einer Streiterei zu verbeißen. Gehen Sie daher stattdessen in zwei Schritten vor. Setzen Sie zuerst eine klare Grenze. Ein bis zwei Sätze genügen, zum Beispiel: »Mir passt nicht, in welchem Ton du mit mir sprichst. Bitte lass das, ich nehme das nicht hin.« Keine weiteren Erklärungen oder Drohungen. Sie würden sich nur in einer unendlichen Diskussion wiederfinden. Sie haben Ihren

Standpunkt klargemacht und unmissverständlich formuliert, was Sie erwarten. Sollte das fortgesetzt ignoriert werden, müssten Sie praktische Konsequenzen folgen lassen (zum Beispiel Beschwerde beim Vorgesetzten). Oft ist das jedoch gar nicht nötig, wenn Sie anschließend einen versöhnlichen Ton einschlagen: »Bei dir scheint ja auch wirklich viel los zu sein. Erzähl mal!« Damit zeigen Sie dem Rechthaber, dass Sie – als Mensch – doch auf seiner Seite stehen und sich für seine Sorgen interessieren. Das erwartet er oft gar nicht und ist damit schon entwaffnet. Denn der Rechthaber ist nur bissig, weil er (irrtümlich) meint, sich ständig verteidigen zu müssen.

Zögerer (Typ 3): Einfach bleiben und mit Vorteilen locken

Diese Nervensäge ist nur schwer durch Kritik zu ändern, weil sie wenig ambitioniert und träge ist. Auch der Appell an höhere Ideale verpufft bei ihr. Dafür ist sie zu desillusioniert. Sie würden höchstens eine sarkastische Antwort erhalten, ohne dass sich etwas ändert. So sprechen Sie sie am besten auf ganz einfache Weise an: Sie sagen, was Sie stört und warum – und locken mit handfesten Vorteilen, wenn sie ihr Verhalten ändert. Zum Beispiel: »Leider kommt deine Zuarbeit häufig zu spät. Das führt bei uns dazu, dass wir auch regelmäßig verspätet abliefern. Lass uns doch schauen, dass wir pünktlich sind. Da haben wir weniger Stress mit dem Chef und gefährden unsere Prämie am Jahresende nicht.« Bei Bedarf lässt sich noch ein gutmütiger Wink mit dem Zaunpfahl ergänzen: »Damit wäre sicher ein schöner Extra-Urlaub drin!« Ein Zögerer vergleicht, wie es seine Art ist, gedanklich die Vor- und Nachteile für sich. Überwiegen seine Vorteile, stimmt er zu und hält sich dann auch weitgehend daran. Eventuelle praktische Fragen lassen sich leicht klären: »Brauchst du etwas von uns, damit du fristgemäß liefern kannst? Sag einfach Bescheid, oder wir reden mal zusammen mit dem Chef.« Aber meistens ist das gar nicht nötig. Der Zögerer ist das gutwillige Arbeitspferd, das den Laden am Laufen hält, auch wenn er dabei ständig nörgelt.

Helferseelen (Typ 4): Bemühungen würdigen, Wunsch ausdrücken

Bei dieser Nervensäge ist Kritik nicht ganz einfach, weil sie immer auf ihre uneigennützigen Motive verweisen kann (»Ich meine es doch nur gut«). Zudem wird sie überall als warmherzig und fürsorglich wahrgenommen. Sie dagegen gelten schnell als kalt und hart, wenn Sie sie offen kritisieren. So sollten Sie sich verbindlich und einnehmend ausdrücken. Sonst verhärtet sich die Helferseele nur und wird bissig und alle anderen sind auch gegen Sie. Gehen Sie wieder in zwei Schritten vor. Erkennen Sie zuerst Ihre Bemühungen an, selbst wenn Sie persönlich sie weder brauchen noch schätzen. Zum Beispiel: »Ich sehe, wie sehr du dich dafür einsetzt, dass wir als Team gut zusammenarbeiten und die Atmosphäre für alle angenehm ist. Das ist wirklich wichtig, es ist ja überall stressiger geworden. Für einen netten Austausch bleibt da kaum noch Zeit.« Wenn Sie sehen, dass sie das annimmt, beispielsweise unmerklich nickt, kommt der zweite Schritt. Drücken Sie nun Ihren Wunsch aus – freundlich, aber klar: »Mir wäre es lieb, wenn du in der Arbeitszeit zuerst deine Aufgaben erledigen könntest. Dann kommen wir alle pünktlich zum Mittagessen und können uns ausführlich unterhalten.« So nehmen Sie ihr Anliegen auf, weisen gleichzeitig darauf hin, dass Sie sich andere

Prioritäten wünschen. Das ist ein Kompromissangebot, auf das sie eingehen könnte. Ihr Vorteil hier: Sie ist nicht bösartig und intrigant, sondern wünscht sich wirklich Harmonie.

Problemlöser (Typ 5): Sachlich und konkret bleiben

Diese Nervensäge nimmt wenig persönlich und ist daher offen für konstruktive Kritik. Sie begrüßt sie sogar als Möglichkeit, besser zu werden, solange sie nur angemessen und respektvoll ausgedrückt wird. So können Sie ganz offen sprechen. Vermeiden Sie aber umständliche Beschreibungen und emotionale Geständnisse (»Das hat mich sehr traurig gemacht«), gar laute Worte oder Tränen. Das versteht sie nur begrenzt, empfindet sie als ineffizient und unangenehm. Sie würde eher denken, dass Sie psychisch instabil und damit ein Risiko für alle sind. Beschreiben Sie stattdessen sachlich, wenn passend mit Zahlen und Fakten, was Sie stört und warum. Sagen Sie anschließend konkret, was Sie sich wünschen und wieso das für alle vorteilhaft wäre. Zum Beispiel: »Wenn wir über ein Problem sprechen, kommst du immer gleich zur Sache. Das ist gut, denn dann können wir schnell an die Lösung gehen. Aber manche fühlen sich dabei nicht mitgenommen, weil sie mehr Zeit brauchen und sich auch persönlich ausdrücken wollen. Wenn du ihnen das erlaubst, geht es anfangs vielleicht ein bisschen langsamer. Aber dafür haben wir alle an Bord und holen später wieder auf.« Das kann der Problemlöser direkt als Verbesserungsvorschlag annehmen.

Weltverbesserer (Typ 6): Auf die eigenen Ideale verpflichten

Gegen die idealistischen Ziele dieser Nervensäge (zum Beispiel »Gerechtigkeit«) können Sie nichts sagen, ohne selbst als Egoist oder Zyniker dazustehen. Argumentieren Sie deshalb gar nicht erst auf dieser Ebene. Lassen Sie sich auch nicht in Diskussionen hineinziehen, was die beliebteste Ausweichtaktik der Weltverbesserer ist. Stimmen Sie ihr stattdessen grundsätzlich zu, erklären Sie sich sogar zu einem Unterstützer. Zum Beispiel: »Ich finde es total gut, dass dir Gerechtigkeit so wichtig ist. Es ist für uns alle eine große Aufgabe, dass es fairer zugeht, auch wenn das oft schwierig ist.« Legen Sie den Schwerpunkt Ihrer Kritik darauf, die Nervensäge auf ihre selbsterklärten Ansprüche zu verpflichten. Nutzen Sie dabei ihre Signalworte (bewusst, gerecht, fair, nachhaltig, vielfältig, inklusiv…), aber in Ihrem Sinne. Zum Beispiel: »Das beginnt schon im Kleinen damit, dass unsere Überstunden ›gerecht‹ abgegolten werden. Das ist nur ›fair‹ uns Angestellten gegenüber und auch ›sozial nachhaltiger‹.« Machen Sie danach einen pragmatischen Vorschlag: »Lass uns bitte eine ›gerechte‹ Lösung finden. Reguläre Bezahlung oder Freizeitausgleich innerhalb des Monats, wenn das Budget das nicht erlaubt.« Da der Weltverbesserer selbst weiß, dass seine Ideale ohne Zugeständnisse illusorisch sind, geht er wahrscheinlich darauf ein.

Welterklärer (Typ 7): Mit einem Lösungsvorschlag interessieren

Diese Nervensäge ist inhaltlich schnell zu überzeugen, wenn Ihre Argumente schlüssig sind, und interessiert sich für Sie und Ihre Gedanken. Die Herausforderung liegt darin, dass sie auch praktisch etwas ändert und nicht schnell wieder woanders ist. Gelingt es Ihnen, Sie inhaltlich zu interessieren, wird sie sogar direkt die Führung übernehmen, ihr eigenes Projekt daraus machen und bald glauben, das wäre sowieso ihre Idee gewesen. So kann Ihre Kritik offen und sachlich beginnen und sollte ganz ohne Schuldzuweisungen auskommen. Zum Beispiel: »Wir erhalten regelmäßig Beschwerden, weil wir Kundenanfragen zu spät beantworten. Das liegt daran, dass wir nachts nicht besetzt sind, wenn unsere Kunden im Ausland arbeiten. Bis zum Morgen sammelt sich zu viel an.«

Bei jeder Kritik anerkennen, was Ihr Gegenüber trotz allem geleistet hat

Sie sind mit Kritik am erfolgreichsten, wenn Sie Ihrem Gegenüber einen unterschwelligen Wunsch erfüllen: die Sehnsucht nach Anerkennung und Bestätigung. Sprechen Sie also immer ein Lob oder Kompliment aus, auch wenn Sie mit vielem nicht einverstanden sind. Allerdings sollte es nicht aus Berechnung gemacht werden, sondern ehrlich gemeint sein: Es gibt bei jedem auch etwas Gutes, das Sie anerkennen und würdigen können. Damit lassen Sie dem Kritisierten seine Würde und kritisieren nur eine bestimmte Verhaltensweise, nicht ihn ganz als Mensch.

Formulieren Sie anschließend einen Lösungsvorschlag, damit es nicht bei der Beschwerde bleibt: »Eine Möglichkeit wäre, einen freien Mitarbeiter für den Nachtdienst einzusetzen. Ob wir dafür wohl ein Budget bekommen würden?« Er wird kurz nachdenken, dann selbst neugierig werden: »Oder ein Vertrag mit einem Dienstleister vor Ort? Dann lösen wir auch gleich das Sprach- und das Zeitzonenproblem.« Seien Sie ganz uneitel und offen für Gegenvorschläge, die besser als Ihre erste Idee sind. Sprechen Sie noch kurz die Zuständigkeiten und Fristen ab und schon sind Sie fertig.

Reflektieren, wie Sie selbst auf Kritik reagieren

Sicher kommt es auch vor, dass Sie kritisiert werden. Und das nervt jeden, so sehr man sich auch vornimmt, dafür offen zu sein und es »nicht persönlich zu nehmen«. Aber natürlich ist es immer persönlich, wenn es um Sie geht. Trotzdem haben Sie bestimmt schon bei sich selbst beobachtet, dass Sie auf unterschiedliche Ansprachen – wer Sie kritisiert, warum und wie – ganz verschieden reagieren, manches dankbar annehmen, anderes ignorieren und bald vergessen oder sogar trotzig das Gegenteil tun, obwohl Sie wissen, dass das kindisch ist.

Unsere Nervensägentypologie hat Sie vielleicht schon angeregt, Ihre eigene Perspektive und damit verbundene typische Gefühle und Handlungen zu reflektieren. Wenn Sie zum Beispiel denken, dass Sie ein Problemlöser (Typ 5 sind), wissen Sie – auch nach dem Lesen dieses Kapitels –, dass Sie auf offene, sachliche und konstruktive Kritik am besten reagieren, schlecht dagegen auf verdeckte, emotionale, aggressive. Aber möglicherweise ist Ihr Chef ein Rechthaber (Typ 2), schnauzt Sie deshalb erst an und beginnt dann einen wütenden Monolog voller persönlicher Vorwürfe. Früher hätte Sie das getroffen und aufgeregt. Heute können Sie das einordnen und wissen, dass er damit viel über sich verrät, was mit Ihnen nur wenig zu tun hat. Sie können zwischen den »Fakten« (was er zu Recht kritisiert) und seiner »Interpretation« (wie er es tut und was er hinzufügt) trennen. Lehrreich ist beides für

Sie. Im Idealfall kennen Sie Ihren Typ, die dafür typischen Interpretationen und Reaktionen und können sich damit, zumindest bis zu einem gewissen Grad, selbst korrigieren.

Sehr wertvoll ist bei diesen Überlegungen ein Blick auf die nervigen Kommentare im Internet, etwa auf den Nachrichtenseiten, die Sie regelmäßig lesen, oder in den sozialen Medien. Sicher haben Sie sich auch schon oft darüber geärgert. Sie sind oft sachlich falsch und haben den ursprünglichen Beitrag missverstanden, böswillig ausgelegt oder sehr eigen interpretiert. Damit drücken sie stärker eigene Sehnsüchte, Projektionen und Frustrationen aus, als dass sie etwas mit dem Beitrag zu tun hätten. Das führt zu einer wichtigen Lektion für das ganze Leben, dass nämlich »Feedback« zu 90 Prozent wertlos oder sogar schädlich ist und darüber hinaus unqualifiziert, unangemessen und nicht hilfreich, sondern nur zeitraubend und verletzend.

Wie machen Sie sich davon unabhängiger und nutzen nur die sinnvollen zehn Prozent? Filtern Sie zuerst gedanklich alles aus, was Sie überhaupt nicht betrifft oder von Ihnen weder verursacht wurde noch zu beeinflussen ist. Gewöhnen Sie sich anschließend ab, in eigenen Angelegenheiten andere nach »ihrer Meinung« zu fragen oder auch, etwas geschickter ausgedrückt: »Was würdest du an meiner Stelle machen?« Die andere Person ist nicht an Ihrer Stelle, kennt Sie viel weniger als Sie sich und wird nach der Entscheidung auch nicht die Folgen tragen. In den meisten Fällen sind diese Fragen auch gar keine echten Fragen, sondern der Versuch, etwas Verantwortung abzugeben: »Du hast doch gesagt…«

Die beste Freundin ist vielleicht nicht die beste Ratgeberin

Was Sie dagegen tun sollten, ist, andere entweder nach faktischen Informationen zu fragen oder nach deren persönlichen Erfahrungen. Das hilft Ihnen, Ihre Informationslücken zu schließen und damit Ihre Entscheidung zu verbessern, aber sonst unbeeinflusst zu bleiben. So lernen Sie von anderen, aber bleiben sich immer klar darüber, dass Ihr Leben ein eigenes ist. Sie können etwas machen, das alle anderen für völlig falsch halten, und es kann das genau Richtige für Sie sein.

Dazu ein Beispiel: Sie erwägen, im Beruf auf Teilzeit zu gehen, um sich nebenbei eine Selbstständigkeit aufzubauen. »Würdest du das machen?«, ist hier die falsche Frage. Die Antworten, die Sie darauf erhalten, sind wertlos für Sie. Ein Kollege, der gerade kündigen will, wird die Teilzeitvariante für mutlos halten und Ihnen gleich zum »konsequenten Wechsel« raten, »ganz oder gar nicht«. Ein anderer, frisch verheiratet und durch ein Haus verschuldet, könnte sich das finanziell gar nicht leisten, rät ab, träumt aber selbst davon.

Fragen Sie besser jemanden, der sich im Arbeitsrecht auskennt, wenn Ihnen Ihre Möglichkeiten unklar sind. Sie würden erfahren, dass Sie laut Teilzeitgesetz nach sechs Monaten als Angestellter das Anrecht auf Teilzeit haben und Ihr Arbeitgeber das nur in seltenen Ausnahmen ablehnen kann, Sie aber sicherheitshalber eine Rückkehr-Regelung zur Vollzeit vereinbaren sollten. Sie könnten danach jemanden, der bereits nebenberuflich arbeitet, fragen, wie er seinen Alltag organisiert, seine Webseite aufgebaut und erste Kunden gewonnen hat. Das würde Sie ermutigen und Ihnen praktisch helfen, auch wenn Sie es anders machen und trotzdem erfolgreich sein können.

Daraus folgt, dass Sie sortieren müssen: Die beste Freundin ist vielleicht nicht die beste Ratgeberin. Konstruktive Kritik braucht Fachkenntnis und Lebenserfahrung in dem Gebiet, das Sie beschäftigt, aber auch, dass Ihr Gegenüber den Unterschied zwischen »ich« und »du« versteht und akzeptiert. Das macht es Ihnen auch leicht, die andere Ansicht stehen zu lassen und eigene Entscheidungen zu treffen. »Danke« genügt als Antwort, übrigens auch im Mitarbeiterfeedback. Sie müssen sich nicht zwingend erklären oder rechtfertigen.

Mit Rücksicht

Wenn Sie Nervensägen kritisieren, können Sie manchmal sehr eindrucksvoll beobachten, wie schwer es vielen von ihnen fällt, das anzunehmen. Erinnern Sie sich daran, wie sensibel Sie auf Kritik ansprechen, selbst wenn Ihnen Ihr Versäumnis oder Fehler völlig klar ist. Am Ende müssen Sie weiter mit anderen zusammenarbeiten und tun deshalb sich und anderen einen Gefallen, wenn Sie das auch nach einigen kritischen Worten mit Wertschätzung und unbeschwert tun können.

Manchmal werden Sie beim offenen Gespräch echtes Erstaunen hören: »So siehst du mich also?« Oder noch besorgter: »Denken die anderen etwa auch so über mich?« Das ist die berühmte Kluft zwischen Selbst- und Fremdbild – wie man sich selbst sieht und was andere über einen denken. Dabei ist alles möglich: Völlige Selbstüberschätzung, aus der man unsanft geweckt wird, oder auch Ermutigung, weil die anderen in einem etwas sehen, was man selbst nie erkannt hat.

Bei einem Seminar habe ich dazu einmal an einer interessanten, aufschlussreichen Gruppenübung teilgenommen. Jedem Teilnehmer wurde dafür ein A4-Blatt mit einem Klebestreifen auf dem Rücken befestigt, dazu bekam er einen Stift.

Die Aufgabe bestand für alle darin, innerhalb einer gesetzten Frist im Raum herumzugehen und jedem auf den Rücken zu schreiben, welche Eigenschaften er an dieser Person besonders schätzte. Umgekehrt schrieben andere zugleich ihre Einschätzungen auf den eigenen Rücken. Als die Übungszeit - bei der natürlich viel gelacht wurde - vorbei war, durfte jeder seinen Zettel abnehmen und für sich lesen, was die anderen über ihn dachten. Natürlich waren es, wie vorgesehen, durchweg positive Einschätzungen. Aber erstaunlich viele waren zu Tränen gerührt, weil andere etwas in ihnen sahen, das sie selbst kaum erkannt oder gewürdigt hatten. Sie waren kritischer als alle anderen.

Herausfinden, welche Feedback-Kultur am besten zu Ihnen passt

Ein wichtiger Teil jeder Unternehmenskultur ist es, wie kritisiert und auf Fehler reagiert wird, die sogenannte »Feedback-Kultur«. Auch hier finden Sie die unterschiedlichsten Ansätze, die nie für jeden passen. In einigen Unternehmen (zum Beispiel Start-ups) wird über Fehler hinweggesehen und sogar ein risikofreudiges Herangehen ermutigt, so lange Sie nicht denselben Fehler mehrmals machen. Andere (beispielsweise Konzerne oder Behörden) behaupten das zwar auch gerne von sich, sind aber meist doch sehr sicherheitsorientiert und verzeihen Fehler weniger. Manchmal werden Sie offen bestraft, etwa durch harsche Worte oder sogar Abzüge bei der Jahresbeurteilung. Bei anderen bleibt es bei warnenden Worten ohne weitere Folgen, aber doch mit der Rückmeldung, dass Sie Ihr Vergehen in Zukunft besser nicht wiederholen sollten.

SO MERKEN SIE, DASS SIE SELBST EINE NERVENSÄGE SIND

Vielleicht schätzt man sich ja selbst falsch ein und nervt andere, ohne es überhaupt mitzubekommen. An diesen Zeichen erkennen Sie, wie andere Sie wahrscheinlich sehen und was Sie tun können, um sich weiterzuentwickeln.

Es gehört für viele zu den anerkannten Naturgesetzen, dass die anderen immer schlimmer sind als man selbst. Die Fehler der anderen sollten bitte breit besprochen, die eigenen höchstens beiläufig erwähnt oder dezent verschwiegen werden. Sie kennen sie ja schon selbst! Doch wollen wir hier auch einmal eine klitzekleine, eigentlich völlig unrealistische Möglichkeit in Betracht ziehen: dass Sie auch die anderen manchmal nerven. Vielleicht haben Sie sogar schon erlebt, dass Chefs, Kollegen oder Geschäftspartner tief durchgeatmet haben, wenn Sie im Meeting etwas gesagt haben, registrierten kaum merkbar ausgetauschte Blicke oder ein Augenrollen. Gelegentlich kommt Kritik auch offen zur Sprache, sei es nebenbei in der Kantine oder offiziell im Beurteilungs- oder Jahresgespräch. Dort klingt »Du nervst« nur etwas feiner: »Du könntest an deinen Kommunikationsfähigkeiten arbeiten.«, »Du hast noch Potenzial im Team.«, »Du bemühst dich, alle Ziele zu erreichen.«, »Deine Arbeitsorganisation kann weiter verbessert werden.« Gemeint ist aber Folgendes: »Für uns bist du manchmal die Nervensäge!« Danach kommen »konstruktive Vorschläge«, wie man sich bessern könnte.

Das muss Sie nicht in Verzweiflung stürzen, keiner ist perfekt. In diesem Kapitel erfahren Sie typische Anzeichen, wie andere Sie wahrscheinlich sehen, aber auch, auf welchem Weg Sie sich weiterentwickeln können, wenn Sie das möchten. Niemand wird dadurch fehlerfrei, das ist weder nötig noch möglich. Aber Sie lernen auf diesem Weg, Ihre persönliche Perspektive und Ihr Verhalten zu reflektieren, um bewusst zu entscheiden, ob Ihnen das so gefällt und nützt oder etwas anderes besser wäre. Entscheiden Sie wieder anhand der Beschreibungen, was am meisten auf Sie zutrifft. Im Anschluss finden Sie jeweils Empfehlungen, welcher berufliche Weg am besten zu Ihnen passt und wie Sie Ihr persönliches Potenzial weiterentwickeln können.

Sich selbst besser verstehen und damit auch andere leichter akzeptieren

Jeder leidet unter Nervensägen und ist manchmal selbst eine. Sich mitsamt der eigenen Stärken und Schwächen ehrlich einzuschätzen, hilft sehr dabei, andere weniger harsch zu beurteilen. Man erkennt sich mitsamt der eigenen Verfehlungen und inneren Konflikte in ihnen wieder und ist deshalb eher bereit, sie ganzheitlich zu sehen, sie trotz ihrer Makel anzunehmen und zu vergeben, wenn sie Fehler gemacht haben. Das ist nicht nur eine noble Geste, sondern macht Ihr Leben interessanter, reicher und friedlicher.

Zu duldsam, oft ausgenutzt: Ewiges Opfer (Typ 1)

Wenn Sie den Eindruck haben, dass andere Ihnen häufig übel mitspielen und Sie sich nur wenig dagegen wehren können, empfinden Sie sich wahrscheinlich als ewiges Opfer (Nervensägentyp 1), auch wenn Ihnen diese Einsicht wehtut. Sie wollen nur Ihren Job machen, vernünftig bezahlt werden und ansonsten Ihre Ruhe. Aber Sie müssen feststellen, dass Sie regelmäßig ausgenutzt werden und sich wenig dagegen wehren können. Gern wären Sie mutiger, würden häufiger Nein sagen und anderen stärker Grenzen setzen. Aber oft bleiben Sie lieber still. Andere werfen Ihnen deshalb vor, dass Sie viel klagen, aber wenig tun, um Ihre Lage zu verbessern.

Sie wünschen sich einen wertschätzenden Umgangston und dass Ihre Bedürfnisse auch bedacht werden, ohne dass Sie immer erst darum kämpfen müssen (zum Beispiel nicht ständig zu viele Aufgaben zu erhalten, dafür aber ein angemessenes Gehalt). Ihr Erfolg ist damit allerdings bisher überschaubar: wahrscheinlich eine einfache Mitarbeiterstelle oder eine Führungsposition, die nur dem Titel nach eine ist. Sie fühlen sich überlastet und dafür unterbezahlt.

Ihre Duldsamkeit führt Sie regelmäßig in Positionen, die anfangs interessant erscheinen, sich aber bald als Enttäuschung herausstellen. Anstrengende, oft erschöpfende Aufgaben, schwierige Umstände (zum Beispiel Kompetenzkonflikte, zu geringe Ressourcen), und Sie halten irgendwie durch. So ist es privat für Sie wichtig, sich wieder zu erholen (zum Beispiel wenigstens einmal mit einem freien Wochenende, regelmäßigen Kurzurlauben). Sie profitieren davon, dass Sie stärker sind, als Sie von sich glauben, und so lange dunkle Phasen durchhalten.

Wenn Sie sich weiterentwickeln wollen: Versuchen Sie, die kleinen Chancen zu erkennen, die es immer gibt, und zu nutzen. Verschicken Sie beispielsweise trotz allem Stress eine Bewerbung pro Woche, weil Ihnen das potenziell einen Ausweg eröffnet und mehr Hoffnung gibt. Sagen Sie häufiger einmal Nein ohne übergroße Angst vor möglichen Folgen (Typ 2 kann da Vorbild sein). Damit wachsen Ihre Selbstbestimmung und der Stolz, für sich eingestanden zu haben.

Erfolgreich, aber oft im Streit: Rechthaber (Typ 2)

Empfinden Sie sich als beruflich und persönlich besonders engagiert, müssen aber auch einräumen, dass Sie sich häufiger als nötig mit anderen streiten, sind Sie ein Rechthaber (Typ 2). Dabei haben Sie selbst den Eindruck, nur besonders leidenschaftlich und mutig für eine wichtige Sache einzutreten, sei es für Ihre Karriere oder eine gerechtere Gesellschaft. Dafür zeigen Sie gern »Haltung«, »klare Kante« und machen regelmäßig »eine Ansage«. Von anderen hören Sie dagegen, dass Sie zu angriffslustig oder sogar aggressiv seien.

Sie schätzen offene Worte und konsequente Entscheidungen. Inhaltliche Konflikte und Widerstände spornen Sie erst recht an. Konfrontationen fürchten Sie nicht. Das hat Sie erfolgreich werden lassen, eventuell sogar in eine Führungsposition gebracht, aber eher in einem hierarchisch und autoritär geführten Unternehmen. Das ist ein Erfolg, auf den Sie stolz sind. Andererseits fühlen Sie sich wegen der ständigen Kämpfe oft gestresst, was auf Dauer Ihr Wohlbefinden beeinträchtigt, Ihre Beziehungen und Freundschaften belastet.

Wegen Ihrer kämpferischen Energie sind Sie besonders geeignet für Tätigkeiten, in denen ständiger Druck belohnt wird, weil die Ziele aggressiv gesetzt und nicht leicht zu erreichen sind (zum Beispiel in der Neuentwicklung von Produkten, im Controlling und im Vertrieb). Privat könnten Sie sich für eine Partei, Gewerkschaft oder politische Initiative engagieren (beispielsweise Unterschriften sammeln, an Ständen diskutieren, für ein Amt kandidieren). Hier zahlt es sich aus, dass Sie langfristig denken und sich in schwierigen Phasen durchbeißen können. Das zahlt sich immer aus.

Wenn Sie sich weiterentwickeln wollen: Versuchen Sie bei aller Leidenschaft stärker, Ihre Gegner zu verstehen, um Kompromisse zu finden und sich die Kämpfe für zwingende Fälle aufzusparen. Das reduziert – bei mindestens vergleichbarem Erfolg – Ihren Stress deutlich und schafft Ihnen mehr Verbündete. Lernen Sie außerdem, sich mehr Erholung und Genuss zu gönnen (siehe Typ 3). Damit verbessern sich Ihre Gesundheit und Ihre Lebensfreude.

Vernünftig, aber ziemlich unerfüllt: Zögerer (Typ 3)

Empfinden Sie sich selbst als pragmatisch und vernünftig, müssen aber einräumen, dass Sie nicht so erfolgreich sind, wie Sie es sein könnten, sind Sie wahrscheinlich ein Zögerer (Typ 3). Selbst haben Sie den Eindruck, dass Sie solide Ihren Job erledigen und auch manche berufliche Durststrecke durchgestanden haben. Dafür belohnen Sie sich, gehen zum Sport, freuen sich aufs Ausgehen und den nächsten Urlaub. Von anderen spüren Sie dagegen manchmal den Druck, sich mehr zu bewegen, zum Beispiel einen neuen Job zu suchen.

Sie schätzen eine gesunde Work-Life-Balance und einen netten Umgangston mit nicht zu viel Stress, wollen sich am Arbeitsplatz auch mal unterhalten können. Mit dem Ergebnis sind Sie nicht ganz zufrieden. Mit hoher Wahrscheinlichkeit sind Sie ein einfacher oder leitender Angestellter, der sich weitgehend arrangiert hat und nicht so recht weiß, wie es für ihn weitergehen könnte. Nicht ganz schlecht, aber Sie ärgern sich, dass andere an Ihnen vorbeigezogen sind und Ihr solides Einkommen für viele Wünsche doch zu knapp ist.

Ihr zweckorientiertes Herangehen macht Sie besonders geeignet für Tätigkeiten, in denen Ihr Engagement geschätzt, aber nicht ständig überfordert wird (beispielsweise als Mitarbeiter oder in einer unteren bis mittleren Führungsposition). Privat passt es zu Ihnen, Vergnügen und Engagement zu verbinden (zum Beispiel ehrenamtlicher Trainer im Sportverein zu sein, einen Ausflug mit Freunden zu organisieren, gelegentlich Kinder von Verwandten zu betreuen). Hier profitieren andere davon, dass Sie pragmatisch einiges hinnehmen können, aber doch Ihr Leben genießen wollen.

Wenn Sie sich weiterentwickeln wollen: Entscheiden Sie sich für einige langfristige Ziele und setzen Sie entsprechende Prioritäten in Ihrem Alltag, indem Sie beispielsweise für den nächsten Karriereschritt einen Urlaub streichen, stattdessen eine Weiterbildung angehen. Engagieren Sie sich zudem gelegentlich für andere, ohne dass Sie direkt davon profitieren (siehe Typ 4). Das gibt Ihrem Leben mehr Sinn und Tiefe, als wenn es immer nur um Sie geht.

Fürsorglich, aber oft überlastet: Helferseele (Typ 4)

Wenn es Sie besonders erfüllt, für andere da zu sein und sich um sie zu kümmern, das aber auch regelmäßig ausgenutzt wird, sind Sie eine Helferseele (Typ 4). Sie sind liebevoll und fürsorglich und nehmen sich gern bedürftigen Menschen an, etwa Kindern, Kranken und Senioren, haben aber auch ein Herz für Tiere, Pflanzen und generell die Natur. Es macht Ihnen Freude zu sehen, wenn andere unter Ihrer Obhut aufblühen, Sie helfen und Ihre Mitmenschen ermutigen können. Dann sind Sie wirklich glücklich, fühlen sich gebraucht und nützlich. Anderen geht das manchmal zu weit, oder sie vermuten egoistische Motive. Das trifft aber höchstens insoweit zu, dass Sie sich natürlich Anerkennung und Dank wünschen.

Ihnen ist ein enges, familiäres Betriebsklima wichtig. Sie schätzen es, wenn Kollegen freundschaftlich miteinander umgehen, sich gegenseitig unterstützen und nicht als Konkurrenten gegeneinander kämpfen. Da Ihnen Karriere gar nicht so wichtig ist, haben Sie wahrscheinlich nur eine Mitarbeiterstelle, sind dafür schon lange im Unternehmen, werden überall geschätzt und anerkannt. Dadurch haben Sie einen hohen informellen Einfluss, Freude an der Arbeit und der gemeinsamen Zeit, auch wenn das Gehalt nur mäßig ist.

Ihre liebevolle, fürsorgliche Art macht Sie besonders geeignet für Tätigkeiten, in denen es darum geht, für andere da zu sein, die Unterstützung brauchen (zum Beispiel in einem sozialen, pflegerischen oder unterrichtenden Beruf, Hilfe für Tiere, Gärtnerei). Privat könnten Sie sich ähnlich engagieren, entweder in einem örtlichen Verein oder in einer privaten Initiative (beispielsweise Kinder im Krankenhaus besuchen, für Nachbarn einkaufen, Tierrettung). Hier ist es wertvoll, dass Sie Bedürftige nicht verurteilen, sondern sich ihnen gern widmen und helfen. Auch um Geld geht es Ihnen da nicht.

Wenn Sie sich weiterentwickeln wollen: Begrenzen Sie Ihren Einsatz für andere, indem Sie die übernommene Verantwortung grundsätzlich nach einiger Zeit immer wieder zurückgeben. So erweitern Sie Ihr Verständnis für Hilfe und verhindern, dass Sie sich auf Dauer überlasten. Überlegen Sie stattdessen, ob Ihr Engagement unternehmerisch wachsen könnte (siehe Typ 5), indem Sie eventuell selbst gründen. So verbinden Sie soziales mit wirtschaftlichem Denken.

Perfekt organisiert, aber rastlos: Problemlöser (Typ 5)

Gehen Sie an alle Aufgaben systematisch, strukturiert und organisiert heran, was andere manchmal ziemlich überfordert, sind Sie wahrscheinlich ein Problemlöser (Typ 5). Ihnen gefällt es, Probleme zu analysieren, Lösungen dafür zu finden und sie gemeinsam mit anderen umzusetzen. Andere respektieren, dass Sie jeden unvoreingenommen behandeln, unterstützen und motivieren. Allerdings ist Ihr Anspruch an sich und andere sehr hoch, was gelegentlich zu Konflikten mit Kollegen führt, die nicht so engagiert und stark sind.

Sie interessieren sich sehr für organisatorische und technische Methoden, Techniken und Werkzeuge, die Sie noch effektiver machen. Fortlaufend bilden Sie sich weiter, ebenso in Kommunikation und Mitarbeiterführung. Das hat Sie wahrscheinlich in eine herausragende Führungsposition gebracht oder angeregt, eine Selbstständigkeit zu überlegen. Denn in einem klassischen Unternehmen stört Sie mit zunehmender Dienstzeit, dass Firmenpolitik und persönliche Befindlichkeiten doch oft die bestmöglichen Ergebnisse verhindern.

Mit Ihrem organisierten, disziplinierten Herangehen, verbunden mit Ihrer hohen Beliebtheit, sind Sie prädestiniert für eigenes Unternehmertum (zum Beispiel als Berater, der organisatorische Probleme anderer analysiert und löst). Privat könnten Sie sich für ein Ehrenamt im Bereich Wirtschaft und Arbeitsmarkt entscheiden (beispielsweise Mentor für Berufseinsteiger, Hilfe bei Business- und Finanzplänen für Gründer, Senior-Berater nach der Pensionierung). Hier zahlt es sich aus, dass Sie strukturiert vorgehen, pragmatische Lösungen suchen und finden. Ihr Rat wird überall geschätzt.

Wenn Sie sich weiterentwickeln wollen: Beschäftigen Sie sich gelegentlich mit Fragen und Praktiken, die über das Alltägliche hinausgehen, etwa zu Philosophie, Spiritualität und

Religion. Das erweitert Ihren Horizont in Richtung ganzheitliches Denken und Lebenssinn (siehe Typ 6). Achten Sie dabei darauf, dass Sie neue Praktiken (zum Beispiel Yoga, Meditation) nicht ausschließlich zweckbestimmt nutzen, etwa nur zur Stressreduzierung im Job. In ihnen steckt viel mehr.

Hohe Ideale, etwas lebensfremd: Weltverbesserer (Typ 6)

Wenn Ihnen globale oder sogar universelle Themen wichtig sind und Sie möchten, dass die Welt friedlicher, harmonischer und ganzheitlicher wird, sind Sie ein Weltverbesserer (Typ 6). Als solcher sind Sie davon überzeugt, für Anliegen einzutreten, die allen Menschen wichtig sein müssten, stellen aber oft etwas enttäuscht fest, dass viele doch zuerst an sich denken. Sie genießen Ihr Leben auch gern, sind aber gegen Egoismus und Konsumdenken. Andere werfen Ihnen dagegen manchmal Scheinheiligkeit und Selbsttäuschung dafür vor, dass Sie selbst nicht tun, was Sie fordern.

Ihnen ist ein ganzheitlicher Ansatz wichtig, der über das eigene Leben hinaus denkt und größere Zusammenhänge einschließt. Das kann nach einigen Berufsjahren zu persönlichen Wertekonflikten führen. Möglicherweise sind Sie bisher einer klassischen Angestellten- und Führungslaufbahn gefolgt und in einem Unternehmen erfolgreich geworden. Nun stellen Sie fest, dass Sie aufgestiegen und angesehen sind, zwar auch recht gut verdienen, aber Ihr Beruf erfüllt Sie nicht besonders. Sie möchten mehr bewegen, etwas Sinnvolleres tun.

Mit Ihrem hohen ethischen Anspruch sind Sie besonders geeignet für Tätigkeiten, in denen es darum geht, gesellschaftliche, ökologische oder soziale Anliegen zu vertreten (zum Beispiel in einer öffentlichen Einrichtung, NGO,

Stiftung), durchaus auch in leitender Position. Privat könnten Sie sich in einem Verein, einem Hilfswerk oder in einer Gemeinde engagieren (zum Beispiel Flüchtlinge unterstützen, Umwelt- und Klimaaktionen planen). Hier ist Ihre Bereitschaft wertvoll, sich langfristig für ein höheres Ziel einzusetzen, das zunächst noch utopisch klingt.

Wenn Sie sich weiterentwickeln wollen: Weil Sie sich sehr mit Ihren Anliegen verbunden fühlen, sollten Sie sich zumindest gedanklich gelegentlich davon lösen und Perspektiven integrieren, die Ihnen eigentlich fremd sind (siehe Typ 7). Wenn Sie zum Beispiel der Klimawandel beschäftigt, sollten Sie auch berechtigte soziale und wirtschaftliche Interessen einbeziehen. Damit erhöhen Sie die Wahrscheinlichkeit, dass Ihre Ideen tatsächlich erfolgreich werden.

Objektiv, aber sehr vergeistigt: Welterklärer (Typ 7)

Betrachten Sie die Dinge generell mit Abstand, können dabei aber unterschiedlichste Aspekte problemlos zusammenführen, sind Sie wahrscheinlich ein Welterklärer (Typ 7). Ihnen macht es Freude, andere Menschen und deren Aktivitäten zu beobachten, zu deuten und Ihre Analyse mit existierenden Theorien in Einklang zu bringen oder gleich eigene aufzustellen. So sind Sie ausgesprochen neugierig, was andere denken, und freuen sich sogar, wenn Sie andere Ansichten als Ihre eigenen hören. Anderen erscheint das manchmal ein wenig flatterhaft, als wollten oder könnten Sie sich gar nicht auf etwas festlegen. Aber Sie ruhen weitgehend in sich.

Ihnen sind offene Gespräche und auch kontroverse Ansichten wichtig, ebenso Einblicke in unterschiedlichste Herausforderungen. Das regt Sie an, eigene Lösungen zu erwägen. Das muss allerdings nicht unbedingt zu einer klassischen

Karriere geführt haben, weil Sie sich nur schlecht in eine große Organisation einfügen wollen. Die Arbeitssuche kann lang und frustrierend verlaufen, wenn Ihre Bewerbungen regelmäßig abgelehnt werden, weil Sie »überqualifiziert« seien und »sich hier sicher bald unterfordert fühlen würden«.

Wegen Ihrer hohen Intelligenz und inhaltlichen Flexibilität passen eine projektbezogene Zusammenarbeit, eine freiberufliche Beratungstätigkeit oder ein (eigenes oder fremdes) Start-up allerdings sowieso besser zu Ihnen, ebenso der Bereich von Forschung und Lehre, so lange die Institution weltanschaulich undogmatisch bleibt. Privat passen sämtliche Engagements zu Ihnen, die bei den Typen 1 bis 6 genannt wurden. Allerdings sind Sport, Natur und soziale Aktivitäten oft der beste Ausgleich zu Ihren beruflichen Tätigkeiten.

Wenn Sie sich weiterentwickeln wollen: Achten Sie darauf, nie allein in der Sphäre der Theorien und Konzepte zu bleiben, sondern sich für konkrete Projekte zu entscheiden, die Sie tatsächlich umsetzen – eventuell mit einem praktisch veranlagten Partner. Fühlen Sie sich dazu regelmäßig in andere Menschen (Typen 1 bis 6) ein, um von deren Perspektiven und Einsichten zu profitieren. Auch das verhindert, dass Sie zu sehr ins Abstrakte abgleiten.

Ständiger Wandel

Die persönliche Weiterentwicklung ist ein lebenslanger Prozess, weil sich die äußeren Umstände, Ihre Wahrnehmung und Wünsche fortlaufend ändern. Manchmal graduell und schleichend (zum Beispiel, wenn ein eigentlich guter Job Sie zu langweilen beginnt), dann wieder abrupt und unerwartet (etwa wegen einer Umstrukturierung oder Trennung). Wenn Sie das einige Male erlebt und bewältigt haben, wachsen Ihre

Kapazitäten dafür. So haben selbst unangenehme Erlebnisse ihren Wert: Sie lernen daraus, was Sie können und wollen. Einmal beginnen Sie schließlich, generell gelassener und neugieriger auf unerwartete Ereignisse und Menschen, die anders als Sie sind, zu reagieren. »Wer weiß, wofür das einmal gut ist«, drückt dann sowohl Neugier wie die Zuversicht aus, dass alles langfristig seinen Sinn haben wird.

Weiterentwickeln, indem Sie sich eine neue Perspektive erschließen

Wenn Sie sich weiterentwickeln wollen, ist ein guter Ansatz, die jeweils nächste Stufe in dieser Typologie anzustreben. Entscheiden Sie zuerst anhand der Beschreibungen, welcher Typ Sie aktuell sind. Lesen Sie anschließend die genau darauffolgende Beschreibung noch einmal. Versuchen Sie, sich in diese Perspektive zu versetzen und vorzustellen, wie sich jemand mit diesem Weltbild fühlt. Probieren Sie einige der dazu genannten Aktivitäten aus und schauen Sie, was sie in Ihnen anstoßen. Beispiel: Sind Sie aktuell ein Rechthaber (Typ 2), urteilen Sie nun weniger, kümmern Sie sich vor allem um sich und gönnen Sie sich mehr (wie der Zögerer, Typ 3). Bald haben Sie automatisch weniger Konflikte und Stress. Haben Sie sich bei den Beschreibungen als Typ 7 eingeordnet, entscheiden Sie sich nach eigener Wahl für einen Typ zwischen 1 und 6.

NERVENSÄGEN ALS PARTNER, KINDER ODER FREUNDE

Wenn offener Streit oder Kontaktabbruch keine Optionen sind, machen Sie sich Nervensägen im direkten Umfeld anderweitig erträglich. Durch Schönreden ihrer Marotten als liebenswerte Eigenheiten – und gezielten Einsatz in Ihrem Sinne.

So schwierig viele Chefs und Kollegen sind, haben sie doch einen Vorteil: Man kann sich bei Bedarf schnell scheiden lassen. Die Trennungszeit beträgt, je nach Kündigungsfrist, überschaubare drei oder sechs Monate. Noch den Resturlaub abziehen – so schnell ist man im Leben selten wieder frei. Da sieht es im Privatleben ganz anders aus. Selbst die schnellste Ehescheidung braucht, wenn beide sie denn wollten, schon juristisch mindestens ein Jahr. Die Kinder hat man sowieso ein Leben lang, und die »Generation Z« will auch bis 35 noch wie in der Schule behandelt werden. Ehemaligen Freunden läuft man auch ständig weiter über den Weg, will man sich nicht ein komplett neues soziales Umfeld inklusive Lieblingsrestaurants und -läden suchen.

So sind Nervensägen als Partner, Kinder oder Freunde eine besondere Herausforderung. Sie werden jahrzehnte- oder sogar lebenslang mit ihnen zusammen sein. Da lohnen sich größere Anstrengungen als für eine befristete Stelle unter Tarif. Eskalierende Konflikte oder Kontaktabbruch sind nur letzte

Optionen. Es ist schwierig, sich abzugrenzen, wenn man zusammen wohnt, familiär und finanziell miteinander verbunden ist und einander eigentlich auch wirklich gern mag. Grundsätzlich gelten dieselben Regeln wie bei Chefs, Kollegen und Geschäftspartnern, nur ein wenig abgemildert. Aber es bieten sich zudem einige weitere Optionen an: schönreden, was Sie derzeit nicht ändern können, die Nervensägen behutsam führen, damit sie sich zu ihrem Besten entwickeln – und ihre Eigenarten gezielt so einsetzen, dass es für alle vorteilhaft ist. Abgrenzen mit Rücksichten, also.

Gut prüfen, ob Sie mit Verwandten zusammenarbeiten sollten

Sollten Sie erwägen, mit Ihrem Partner, einem Familienmitglied oder Freund eine Unternehmung zu starten, bedenken Sie, dass Sie dann sowohl als Geschäftspartner und Kollegen wie als persönlich verbundene Menschen miteinander auskommen müssen. Das ist ein doppelter Anspruch und gilt für gemeinsames Arbeiten, aber auch bereits in Bezug auf das Startkapital, das Sie sich eventuell von Ihrem Partner leihen. Prüfen Sie dann besonders genau, ob Sie vom Typ her zusammenpassen (ausführlich dazu im folgenden Kapitel).

Schönreden, was derzeit nicht zu ändern ist

Liebevolles Beschönigen hat schon so manche Beziehung gerettet und auf ihre Weise glücklich gemacht. Wenn Sie sich die Marotten der Nervensägen in ihrem direkten Umfeld als »liebenswerte Eigenheiten« schönreden und sich sagen, dass sie es »nicht so meinen«, also selbst machtlos sind, können Sie Ihnen gar nicht mehr böse sein. Sie haben es sich ja nicht ausgesucht! Damit erübrigen sich Frust und Streit. Sie akzeptieren, was derzeit nicht zu ändern ist, und konzentrieren sich ganz auf die guten Seiten Ihrer Mitmenschen.

Tatsächlich lassen sich die Eigenschaften jeder Nervensäge immer auch positiv deuten, ohne dass das gelogen wäre. Ewige Opfer (Typ 1) sind duldsam und sensibel, Rechthaber (Typ 2) temperamentvoll und engagiert, Zögerer (Typ 3) überlegt und sicherheitsorientiert. Helferseelen (Typ 4) sind liebevoll und fürsorglich, Problemlöser (Typ 5) pragmatisch und organisiert. Weltretter (Typ 6) sind visionär und inspirierend, Welterklärer (Typ 7) analytisch und objektiv. Schon erscheinen ihre positiven und negativen Eigenschaften wie zwei Seiten derselben Medaille. Eine gibt es nicht ohne die andere. Damit kann man leben, es sogar wirklich schätzen.

Weint Ihre beste Freundin wieder einmal ihrem Ex hinterher, der sie vor bald zehn Jahren verlassen hat, sagen Sie nicht mehr entnervt: »Du lieber Himmel! Wie oft willst du diese Geschichte noch erzählen? Außerdem: Als Ihr zusammen wart, wolltest du doch unbedingt weg!« Sondern Sie wissen: Ewiges Opfer (Typ 1) – für rationale Argumente nicht zugänglich, sucht immer neue Erklärungen. Also denken Sie lieber positiv: »Das muss die große Liebe sein, um die es in Filmen und Romanen immer geht. Sie konnten nicht miteinander, sie können nicht ohne einander.« Geben Sie ihr eine tröstliche Umarmung und laden Sie sie zu Starbucks ein.

Behutsam führen, damit noch etwas daraus wird

Ganz werden Sie Partner, Kinder oder Freunde sowieso nie ändern. Aber Sie können sie ermutigen, »die beste Version von sich zu werden«. Offene Kritik führt praktisch immer zu Trotz und sollte deshalb die Ausnahme bleiben. Wenn Sie jemanden kritisieren, zählen Sie mit: Auf eine Kritik muss dieselbe Person zehnmal Lob erhalten, sonst glaubt sie bald, dass Sie sowieso nur meckern und sie insgesamt ablehnen. Besser ist es, eine Vision davon aufzubauen, wie die Nervensäge sein könnte. Damit drücken Sie aus:»Ich sehe etwas Größeres in dir und glaube, dass du das werden kannst.«

Einem unmotivierten Zögerer (Typ 3) im Freundeskreis, der seit Jahren lustlos in einer Sachbearbeiterstelle hängt, könnten Sie anvertrauen:»Du, ich denke, du hast das Zeug für eine Führungsposition.« Erst wird er erstaunt aufblicken – verblüfft, dass ihm jemand mehr zutraut. Dann wird er nachdenklich, aber zunehmend überzeugt antworten:»Ich glaube, du hast recht!« Das könnte für ihn der entscheidende Anstoß sein, nicht immer nur ans Sportstudio und den nächsten Urlaub zu denken, sondern an seine berufliche Zukunft. Eventuell haben Sie noch einen Tipp für ihn, etwa für eine Weiterbildung oder eine Initiativbewerbung. Alles andere schafft er auch allein. Hat er es erst einmal zum Verkaufsleiter einer CrossFit-Kette mit eigenen Instagram-Fans gebracht, wird er glauben, das sei alles seine Idee gewesen.

Einer träumerischen junge Frau in der Verwandtschaft, die sich als »wissenschaftliche Mitarbeiterin« mit Jahresvertrag auf Bürgergeld-Niveau durchschlägt und bisher nur einmal Aufmerksamkeit erregt hat, als sie erklärte, jetzt auch »genderfluid« zu sein, sollten Sie sagen:»Du könntest so viel verändern! Engagierte Frauen wie du werden heute in den Parteien gebraucht.« Schon weiß sie als eigentlich lebensfremder Weltverbesserer (Typ 6), wie sie es angehen müsste, und ist auf ihrem Weg zur gut bezahlten Staatssekretärin mit Dienstwagen und Lastenfahrrad für die Fototermine. Bald werden Sie ihr Bild in der Zeitung sehen. Ihr »queerfeministischer

Blog zu Genderidentitäten« ist dann längst vergessen, weil sie inzwischen in den Aufsichtsrat des regionalen Energieversorgers eingezogen ist, der dringend auf die hochfliegenden Ideen einer Branchenfremden angewiesen war.

Mit dieser Methode gelingt es Ihnen, Nervensägen zu motivieren, das Beste aus ihren Talenten zu machen und ihre besonderen Qualitäten nutzbringend für sich und andere einzusetzen. Mit dem angenehmen Nebeneffekt, dass Sie weniger darunter leiden, weil Ihr Schützling nun sein eigenes Publikum gefunden hat. Der Erfolg sei allen gegönnt!

Gezielt einsetzen, wo sie ihre Stärken ausspielen

Am Arbeitsplatz müssen Sie weitgehend mit denen auskommen, die halt nun einmal da sind, um eine bekannte frühere Bundeskanzlerin zu zitieren. Selbst in einer Führungsposition sind Ihre Spielräume für Entlassungen und Versetzungen durch bestehende Tarif- und Arbeitsverträge recht begrenzt. Ganz anders ist es in Ihrem Privatleben. Partner, Kinder und Freunde können Sie mit ein wenig Geschick ganz neu in Position bringen, ohne dass Ihre Züge überhaupt auffallen.

Wenn Ihre eigene Tochter etwa zu den Sumpfblüten auf Twitter gehört, jeden angiftet und sich im Beifall sonnt, wissen Sie nun: Rechthaber (Typ 2). Zwar hatten Sie vorher in der Annahme gelebt, sie sei »hochsensibel«, aber das wohl nur in eigener Sache. Mit ihrem Profil lässt sie sich aber hervorragend für schwierige Erledigungen einsetzen, von Reklamationen bis Behördengängen. Sie wird dort streiten, bis sie gewonnen hat, und nebenbei so viel Energie ablassen, dass sie online eventuell bald nur noch versöhnliche Spruchbildchen teilt.

Den zurückhaltenden Sohn, der bisher immer nur allein in seinem Zimmer vor dem Rechner sitzt und noch nie eine

Freundin hatte, ordnen Sie dagegen als Problemlöser (Typ 5) ein. Er ist gar nicht sozial eingeschränkt, sondern vergräbt sich nur gern in technischen Programmen und liest tatsächlich in seinen Lehrbüchern, die seine Schwester nie anfasst. Ihn können Sie bitten, zuerst eine Webseite für Mamas privaten Nebenjob zu erstellen, und danach anregen, den lokalen Stammtisch der Wikipedianer und IT-Bastler zu besuchen. Dort soll es neuerdings sogar Mädchen geben!

Stellt Mama fest, dass ihr Mann ein Rechthaber (Typ 2) ist, schickt sie ihn klugerweise zum Fußball, indem sie ihm eine Jahreskarte seines Lieblingsvereins schenkt. Dort kann er den Gegner nach Herzenslust beschimpfen, sich müde brüllen und wird erschöpft, aber glücklich wieder nach Hause kommen. Er dagegen wird, hat er seine Frau erst einmal als Helferseele (Typ 4) erkannt, ihr vorschlagen, ihre legendäre Kirschtorte doch beim Kuchenbasar der örtlichen Kirchengemeinde anzubieten, wo der Erlös einem guten Zweck zugutekommt. Das macht ihr Freude und verhindert, dass sie, emotional unausgelastet, fünf Straßenhunde aus Rumänien adoptiert und die gemeinsamen Ersparnisse spendet.

Darauf setzen, dass sich Menschen entwickeln

Auf einer frisch renovierten Mauer sah ich kürzlich folgenden Spruch, den jemand direkt aufsprühen musste: »Die Welt braucht nicht noch mehr erfolgreiche Menschen.« Er wird in unterschiedlichen Varianten dem Dalai Lama zugeschrieben. Ich dachte beim Lesen: »Aber Architekten, Maurer und die Hersteller von Farben und Sprühdosen braucht es anscheinend schon noch.« Aber das kennt man von vielen heutigen Protestbewegungen, von denen man ohne iPhone, Facebook und YouTube nicht erfahren hätte. Systemprotest ist immer schwierig, wenn man dabei auf das System angewiesen ist. Das ist wie als Teenager gegen die Eltern revoltieren, während man bei ihnen wohnt und sich verköstigen lässt. Ist man später in ihrer Lage – eigene Wohnung, Kinder, Rechnungen –, schüttelt man bei der Erinnerung an sein früheres Ich nur amüsiert und auch ein bisschen peinlich berührt den Kopf: »Was habe ich mir damals eigentlich gedacht?«

Menschen entwickeln sich, wenn sie auch nie ganz anders werden. Die Nervensägen in Ihrem Umfeld werden in einigen Jahren nicht mehr so auftreten wie heute. Das kann Sie zu Gelassenheit ermutigen, sich nicht über alles aufzuregen, sondern abzuwarten und ihnen eine Chance zu geben.

Im besten Fall bewegen sie sich in unserer Typologie nach oben. Klagt eine frühere Schulfreundin beispielsweise bei jedem Gespräch über ihr Leben, ist sie derzeit eindeutig ein ewiges Opfer (Typ 1). Aber es besteht die berechtigte Hoffnung, dass sie einmal eine Wut auf sich oder andere entwickelt und damit auch generell mehr Energie. Schon ist sie ein Rechthaber (Typ 2), der sich zwar nun über vieles aufregt, aber zumindest aktiver ist und sein Leben verändert. Mit etwas Glück hat sie vom Streiten einmal genug, kümmert sich wieder mehr um sich und gönnt sich mehr Spaß im Leben. Schon haben wir den verträglicheren Zögerer (Typ 3).

In anderen Fällen kann es auch in die umgekehrte Richtung gehen, bei großem Stress ist das immer der Fall. Ein Elternteil kann jahrelang damit beschäftigt sein, sich um sein erwachsenes Kind zu kümmern, das im Leben nicht klarkommt. Dieser Vater oder diese Mutter hilft noch immer mit Geld für die Miete und Einkäufe aus und schreibt dem Sprössling Behördenbriefe, weil die Angelegenheiten sonst nie geklärt würden, ist also eindeutig eine Helferseele (Typ 4). Aber irgendwann hat sie, meist wegen eigener Erschöpfung, genug und wird beispielsweise wütend (Rechthaber, Typ 2) oder selbst hilfsbedürftig (ewiges Opfer, Typ 1). Das ist keine wünschenswerte Entwicklung, aber Teil eines wichtigen und nützlichen Lernprozesses, bei dem diese Nervensäge lernt, ihre Hilfe zu begrenzen und auch auf sich selbst zu achten. Behalten Sie bei Schwierigkeiten mit Nervensägen also immer die Langzeitperspektive im Blick. Was Sie vor sich sehen, womit Sie sich gerade am Arbeitsplatz oder privat auseinandersetzen müssen, ist immer nur eine Momentaufnahme. In einigen Monaten oder Jahren sieht das schon wieder anders aus und – zumindest für Sie – besser als heute.

Perfekt kombiniert

Ein Projekt für Fortgeschrittene ist es, mehrere Nervensägen im eigenen Umfeld so miteinander zu kombinieren, dass sie einander nicht noch aufschaukeln, sondern sich mindestens gegenseitig neutralisieren, besser aber komplementär ergänzen und damit als Team unschlagbar sind. So passt der pragmatische Problemlöser (Typ 5) beispielsweise ideal zum idealistischen Weltverbesserer (Typ 6). Letzterer liefert die hochfliegende Vision, Ersterer begeistert sich für die knifflige Umsetzung. Damit das für alle funktioniert und nicht in der reinen Blockade endet, braucht es allerdings verschiedene Voraussetzungen. Darum geht es im nächsten Kapitel.

Die Fähigkeit, unterschiedliche Menschen so miteinander in Kontakt zu bringen, dass Sie einander ergänzen und gern und gut miteinander arbeiten, ist unerlässlich für Ihren Erfolg. Ob Sie ein Team zusammenstellen, ein Projekt organisieren oder die Einladungsliste für eine Veranstaltung planen – niemals haben Sie dabei mit gleichartigen, quasi austauschbaren Menschen zu tun, sondern müssen ganz unterschiedliche Persönlichkeiten, Perspektiven und Wünsche berücksichtigen.

Anfänger versuchen, dieses Problem zu vermeiden, indem sie möglichst ähnliche Menschen zusammenbringen. Das hat den Vorteil, dass es wenige Konflikte und einen geringen Abstimmungsbedarf gibt. Allerdings wird es auch schnell langweilig, und möglicherweise gibt es gar nicht so viele Kandidaten einer Sorte. Profis sind daher breiter aufgestellt und kombinieren unterschiedliche Profile, aber überlegt – nicht als Selbstzweck, wie die gedankenlose »Diversity«-Fraktion es sich vorstellt. Je verschiedener Menschen sind, je weniger sie also eigentlich verbindet, desto wichtiger ist es, darauf zu achten, dass sie einander zum beidseitigen Nutzen ergänzen und zumindest Grundwerte und Wünsche teilen.

Jährlich reflektieren, in welche Richtung Sie sich entwickelt haben

In den meisten Unternehmen ist es üblich, die Leistungen aller Mitarbeiter mindestens einmal jährlich auszuwerten und individuell zu besprechen. Das bietet sich auch für Sie persönlich an: Zum Ende jedes Jahres (zum Beispiel an den ruhigen Tagen zwischen Weihnachten und Neujahr) könnten Sie einmal aufzuschreiben, was die Höhepunkte Ihres Jahres waren, was Sie gut gemacht haben und wo es hätte besser laufen können. Daraus können Sie Ziele für das kommende Jahr ableiten, es unter einen Schwerpunkt stellen und einige konkrete Schritte festlegen, die Sie dorthin bringen sollen. Das erhöht die Wahrscheinlichkeit, dass Sie sich entsprechend entwickeln, sobald der Alltag wieder eingesetzt hat.

WER PASST ZU WEM?
NERVENSÄGEN IN DER KOMBI

Wie gut Vorgesetzte, Mitarbeiter und Kollegen zusammen-arbeiten, hängt davon ab, ob sich ihre Persönlichkeiten und Werte ergänzen. Für jeden Nervensägentyp passen bestimmte Kombinationen perfekt, andere dagegen überhaupt nicht.

Wenn Sie auf Ihre aktuelle berufliche Situation und Ihre bis-herige Laufbahn blicken, werden Sie mit verschiedenen Men-schen ganz unterschiedlich gut auskommen beziehungsweise ausgekommen sein. Sie haben sich einigen Chefs begeistert an-geschlossen und mit anderen gestritten, sich mit einigen Kolle-gen eng befreundet und sind mit anderen niemals warm gewor-den. Das kann viele Gründe haben. Aber wie gut Vorgesetzte, Mitarbeiter und Kollegen zusammenarbeiten, hängt ganz ent-scheidend davon ab, ob sich ihre Persönlichkeiten und Werte ergänzen oder zumindest nicht gegenseitig stören. Für jeden Nervensägentyp passen dabei bestimmte Kombinationen per-fekt, andere dagegen überhaupt nicht.

Nachfolgend finden Sie für alle sieben Typen, die Sie in diesem Buch kennengelernt haben, mit wem sie am besten zusammenarbeiten und wo sich häufig Konflikte ergeben. Le-sen Sie die Übersicht am besten zuerst aus der eigenen Per-spektive (welcher Typ Sie sind) und vergleichen Sie die Be-merkungen zur Kompatibilität mit anderen Typen mit Ihren

Erfahrungen. Anschließend können Sie auch für andere Menschen schauen, etwa nach den Nervensägentypen, die Ihren Chef oder bestimmte Kollegen repräsentieren.

Am besten Aufgaben wählen, die zum persönlichen Profil passen

Wenn zwei unterschiedliche Nervensägen zusammenarbeiten, kann das für alle äußerst vorteilhaft sein, wenn sich ihre Profile komplementär ergänzen. Das setzt voraus, dass beide passende separate Aufgabenbereiche abstecken und ihre unterschiedlichen Stärken gegenseitig respektieren. Ein Beispiel: Der umtriebige, bisweilen aggressive Rechthaber (Typ 2) übernimmt die Kundenakquise, die gewissenhafte, warmherzige Helferseele (Typ 4) kümmert sich anschließend um die Auftragsumsetzung und Kundenbetreuung.

Konstellation bedenken

Bedenken Sie dabei immer, in welcher Konstellation Sie sich selbst betrachten – ob als Chef, Mitarbeiter oder Kollege. Denn die typischen Qualitäten haben, je nach Verhältnis, ganz unterschiedliche Wirkungen. Sind Sie beispielsweise ein Zögerer (Typ 3) auf Mitarbeiterebene, kann ein Rechthaber (Typ 2) als Chef für Sie sehr anstrengend, aber auch hilfreich sein. Er treibt Sie zu Bestleistungen, die Sie aber auch bei Karriere und Gehalt nach vorn bringen. Allein hätten Sie sich nie dazu aufgerafft. Wären Sie dagegen als Zögerer (Typ 3) der Chef, könnte ein Rechthaber (Typ 2) als Mitarbeiter unangenehm und sogar gefährlich werden. Er würde eine starke Führung vermissen und bald alles daran setzen, selbst der Chef zu werden. Ein Ausweg wäre hier, ihm viele Freiheiten und eigene Projekte zu geben, die seine Energie zumindest zeitweise binden, ihm die ersehnte Sichtbarkeit geben und ihm so Karriereoptionen woanders, intern oder extern, eröffnen.

Ewige Opfer (Typ 1): Problemlöser helfen ihnen am meisten

Am besten harmonieren diese verletzlichen, oft erschöpften Menschen mit aufmunternden, zupackenden Naturen, die ihre Schwäche nicht ausnutzen, aber auch nicht zu sehr darauf eingehen. Insbesondere der **Problemlöser** (**Typ 5**) kann zu einem guten Freund werden, der im passenden Moment hilft, aber genügend emotionalen Abstand behält. Ungünstig ist dagegen ein zweites **ewiges Opfer** (**Typ 1**): Man würde einander zwar verstehen, aber gegenseitig nur runterziehen, bis schließlich alles komplett hoffnungslos erscheint.

Besonders problematisch ist für das ewige Opfer der **Rechthaber** (**Typ 2**). Als aggressiver Chef verängstigt er es vollkommen, Als ehrgeiziger Kollege oder Mitarbeiter drückt er es schnell an den Rand. Von der **Helferseele** (**Typ 4**) fühlt er sich naturgemäß angenommen und unterstützt, was sich aber regelmäßig zu einer ungesunden gegenseitigen Abhängigkeit auswächst. Mit dem **Zögerer** (**Typ 3**) teilt er einen allgemeinen Frust und kann sich von ihm anregen lassen, das Leben ein wenig mehr zu genießen. Das ist oft der Start für den eigenen Neubeginn. Ein **Weltverbesserer** (**Typ 6**) kann tröstlich sein, das ewige Opfer aber in eine versponnene, wenig hilfreiche Weltsicht – New Age, Esoterik – ziehen. Den **Welterklärer** (**Typ 7**) empfindet es als kalt und distanziert. Man hat einander nichts zu sagen.

Rechthaber (Typ 2): Helferseelen stimmen sie versöhnlich

Als kämpferische, aber oft verbissene Menschen profitieren sie am meisten von anderen, die ebenso leidenschaftlich herangehen, aber ihre ungestüme Energie in eine konstruktive Richtung lenken. Überzeugt der **Weltverbesserer (Typ 6)** den Rechthaber mit seiner Vision, kann aus den beiden ein schlagkräftiges Duo werden: Der Rechthaber kämpft gern und meist erfolgreich für eine gute Sache. Dagegen fällt es ihm schwer, ein **ewiges Opfer (Typ 1)** zu respektieren. Seine Schwäche stachelt ihn zu Spott oder sogar Grausamkeit an.

Ein zweiter **Rechthaber (Typ 2)** kann für ihn der perfekte, ebenso starke Verbündete sein. Allerdings geschieht es oft, dass man sich später entzweit, zu Rivalen oder Feinden wird. Als Chef eines **Zögerer (Typ 3)** treibt er diesen zu Höchstleistungen an – zum beidseitigen Vorteil. Ist er umgekehrt einem untergeordnet, findet er ihn zu schwach und versucht alles, um an dessen Job zu kommen. Erstaunlich gut harmoniert er oft mit einer **Helferseele (Typ 4)**. Er sieht in ihr keine Konkurrenz, sondern eine versöhnliche Korrektur für seinen oft brachialen Stil. Mit dem **Problemlöser (Typ 5)** kracht es meist schnell, weil dessen Verständnis von Führungsstil und Umgangston völlig gegensätzlich zu seinem eigenen ist. Den **Welterklärer (Typ 7)** findet er langweilig und flau, passt aber oft als aggressiver Umsetzer von dessen Ideen.

Zögerer (Typ 3): Rechthaber treiben sie zum Erfolg

Diese unentschlossenen, oft unzufriedenen Menschen harmonieren am besten mit anderen, die ihr Potenzial erkennen und fördern, ohne es sich dabei mit ihnen zu verderben.

Denn dann werden sie bockig. Der **Problemlöser (Typ 5)** wäre für ihn theoretisch der perfekte Vorgesetzte, verzweifelt aber meistens an dessen Passivität und passt deshalb besser als motivierender Kollege. Dagegen treibt ihn der **Rechthaber (Typ 2)** durch sein aggressives Herangehen ohne Rücksicht zu oft großem Erfolg, erschöpft ihn dabei aber auch.

Für das ewige **Opfer (Typ 1)** ist er ein verständnisvoller Zuhörer, lässt sich von dessen Klagen aber auch weiter runterziehen. Mit einem zweiten **Zögerer (Typ 3)** versteht er sich dagegen prächtig. Gemeinsames Lästern über die Firma und den Job verbindet und entlastet beide. Die **Helferseele (Typ 4)** kann für ihn ein warmherziger Freund werden, wenn er von ihr auch nicht viel profitiert, da er allein klarkommt. Die **Weltverbesserer (Typ 6)** kann ihn anregen, auch ein sinnvolleres Leben führen zu wollen. Aber meist bleibt es bei der Absichtserklärung, obwohl er sich mehr vornimmt. Die übergreifenden Gedanken des **Welterklärers (Typ 7)** findet er grundsätzlich interessant, aber selbst ist er dafür eigentlich zu bodenständig und hedonistisch. Lieber plant er seine nächste Urlaubsreise oder den nächsten Shopping-Trip, obwohl er deswegen schon wieder nicht seinen Dispo ausgleichen kann.

Helferseelen (Typ 4): Ewige Opfer führen sie an ihre Grenzen

Als mitfühlende, fürsorgliche Menschen sind sie glücklich, wenn sie für andere da sein können. Im besten Fall treffen sie auf andere, denen sie helfen können, ohne sich dabei dauerhaft zu überlasten. Die gegensätzlichen **Rechthaber (Typ 2)** sind für sie erstaunlich gute Chefs und Kollegen. Man schätzt wechselseitig die Unterschiedlichkeit, ohne je zu Konkurrenten zu werden. Mit einer zweiten **Helferseele (Typ 4)** verbinden sie die Werte. Das führt oft zu harmonischen Kooperationen, etwa einem gemeinsamen Hilfsprojekt.

Besonders problematisch sind für die Helferseele **ewige Opfer (Typ 1)**. Aus anfänglich beglückender Hilfe wird bald eine erschöpfende gegenseitige Abhängigkeit – und oft der Anlass, das eigene Verhalten zu überdenken. Mit dem **Zögerer (Typ 3)** verbindet sie eine harmonische, aber unspektakulär kollegiale Beziehung. Den **Problemlöser (Typ 5)** findet sie zu anstrengend, während er sie für leistungsschwach hält. Ist sie seine Mitarbeiterin, führt das zu Konflikten und trotzigem Widerstand bei ihr. Der **Weltverbesserer (Typ 6)** ist ihr fremd, obwohl beide einen gewissen Idealismus teilen. Aber er ist ihr zu wenig an konkreten Mitmenschen interessiert. Das gilt ebenso für den **Welterklärer (Typ 7)**. Seine eher abstrakten Themen und Gedanken interessieren sie nicht. Er wiederum findet sie zu kleinteilig im Denken.

Problemlöser (Typ 5): Welterklärer liefern ihm die Theorien

Diese gut organisierten und motivierenden Menschen passen am besten zu anderen, die sich ebenfalls weiterentwickeln wollen und es schätzen, gemeinsam an einem großen Projekt zu arbeiten. Ein zweiter **Problemlöser (Typ 5)** ist für ihn ein starker Partner und Konkurrent zugleich. Da passt eine lockere, projektbezogene Zusammenarbeit langfristig am besten. Dagegen kollidiert er regelmäßig mit **Rechthabern (Typ 2)**: Dessen aggressive, rücksichtslose und manchmal intrigante Art widerspricht völlig seinen eigenen Werten.

Gelegentlich entwickelt er **Zögerer (Typ 3)** zu starken Mitarbeitern, braucht dafür aber viel Geduld. Als Chefs wären sie ihm zu schwach und negativ eingestellt. Ähnliches gilt für **Helferseelen (Typ 4)**. Zwar schätzt er deren Bemühung, die Atmosphäre angenehm zu gestalten, vermisst aber den Leistungsgedanken. Für ein **ewiges Opfer (Typ 1)** kann er ein Mentor und Freund sein, indem er es zu mehr Aktivität anhält. Eine berufliche Zusammenarbeit passt dagegen nicht. Der **Weltverbesserer (Typ 6)** erscheint ihm anfangs abgehoben, regt ihn aber später oft an, selbst über das Pragmatische hinauszudenken. Der **Welterklärer (Typ 7)** ist ihm dagegen von Anfang an näher. Beide verbindet die Liebe zum strukturierten Denken – der Problemlöser als praxisnaher Anwender, der Welterklärer als inspirierender Theoretiker.

Weltverbesserer (Typ 6): Zögerer sind ihnen zu materialistisch

Als engagierte, allerdings sehr idealistische Menschen ergänzen sie sich am besten mit anderen, die praktisch veranlagt und perfekt organisiert sind. Nur so besteht überhaupt eine Chance, ihre Ideen umzusetzen. **Problemlöser (Typ 5)** sind daher ihre idealen Partner, wenn beide die Aufgabenteilung einhalten und ihre Beiträge wechselseitig respektieren. Ambivalent ist die Beziehung zu **ewigen Opfern (Typ 1)**: Theoretisch wollen Weltverbesser exakt ihnen helfen, finden sie im konkreten Fall, etwa als Mitarbeiter, allerdings mühsam und frustrierend. **Rechthaber (Typ 2)** bewundern Weltverbesserer für ihre Durchsetzungskraft und arbeiten gern mit ihnen zusammen, auch wenn die persönlichen Werte unterschiedlich sind. Dagegen finden sie **Zögerer (Typ 3)** zu materialistisch und zu schwer zu mobilisieren. Mit **Helferseelen (Typ 4)** verbindet sie der Wunsch zu helfen, und sie sind ihnen dankbar, dass diese die praktische Seite davon gern übernehmen und deutlich besser darin sind. Andere **Weltverbesserer (Typ 6)** sind ihre natürlichen Verbündeten. Oft lassen sich, selbst bei unterschiedlichen Anliegen, viele Gemeinsamkeiten und beidseitiger Respekt finden. Allerdings sprechen dann Theoretiker unter sich. **Welterklärer (Typ 7)** sind ihnen eher fremd. Diese wollen die Welt nur deuten, wie sie objektiv ist, und sind ihnen zu wenig an Veränderung interessiert.

Welterklärer (Typ 7): Weltverbesserer sind ihnen zu aktivistisch

Diese analytischen, allerdings recht abstrakt denkenden Menschen profitieren von anderen, die sie zu praktischen Veränderungen anregen und ermutigen, am Leben teilzuhaben. Ein **Problemlöser (Typ 5)** kann für sie ein guter Partner sein, treibt ihnen als Chef oder Mitarbeiter aber oft die Dinge zu schnell und stark voran. Kann man sich in diesen Punkten einigen, ergibt das ein unschlagbares Duo. Gut passen **Helferseelen (Typ 4)** als Mitarbeiter zu ihnen, weil sie ihrem kühlen Herangehen eigene Wärme und Menschlichkeit hinzufügen.

Ewige Opfer (Typ 1) lassen sie oft hilflos zurück. Welterklärern fehlt selbst der zupackende Pragmatismus, um wirklich helfen zu können. Zwischenmenschlicher Trost ist ebenso nicht ihre Stärke. Auch **Rechthaber (Typ 2)** passen nicht zu ihnen, sind ihnen zu verbissen und materialistisch. Eine effektive Konstellation dagegen ergibt sich, wenn der Rechthaber als operativer Umsetzer ihrer Ideen fungiert. Bei der Zusammenarbeit mit **Zögerern (Typ 3)**, insbesondere als Mitarbeiter, treffen zwei passive Wesensarten aufeinander, sodass viel zu wenig erledigt wird. Mit **Weltverbesserern (Typ 6)** fremdeln sie wegen deren aktivistischer Prägung. Selbst ist es ihnen gar kein Anliegen, die Welt umzugestalten – es genügt ihnen, sie zu verstehen. Andere **Welterklärer (Typ 7)** schätzen sie als gelegentliche Gesprächspartner, würden ansonsten aber mit ihnen konkurrieren. Denn beiden geht es um grundsätzliche Ideen, bei denen man sich einmal für eine entscheiden muss, sowie die anschließende Umsetzung.

Am richtigen Platz

Im klassischen Unternehmensumfeld waren lange die Teamrollen populär, wie sie der englische Psychologe und Unternehmensberater Meredith Belbin ab 1981 definierte. Sein Modell sah neun Beteiligte vor: Jemand bringt neue Ideen ein, jeweils andere prüfen sie auf Machbarkeit, entwickeln Pläne und Kontakte, fördern Entscheidungen, vermeiden Fehler, beraten fachlich und überwinden mögliche Hindernisse. Es ist natürlich selten so, dass ein Team exakt neun Mitglieder umfasst, die jeweils ein eigenes Profil haben und sich auf einen spezifischen Aspekt konzentrieren können. Unsere moderne Typologie der Nervensägen hat deshalb einen völlig anderen Ansatz: Jeder kann danach grundsätzlich jede Aufgabe (etwas vorschlagen, überprüfen, planen usw.) übernehmen und auch zufriedenstellend erledigen.

Der Unterschied liegt in der Motivation, aus welchen Gründen er also seine Aufgaben übernimmt und welche Prioritäten er dabei setzt. So wären einer Helferseele (Typ 4), wenn sie beispielsweise die Planung eines Projekts übernimmt, der menschliche Aspekt und eine harmonische Atmosphäre besonders wichtig. Ein Rechthaber (Typ 2) würde stärker auf die Ergebnisse schauen und wäre dafür bereit, auch Konflikte zulasten sozialer Beziehungen und der Stimmung in Kauf zu nehmen. Aber beide könnten es, vergleichbare fachliche Kompetenz natürlich vorausgesetzt. Welches Ergebnis »besser« oder »schlechter« wäre, ließe sich dagegen gar nicht objektiv sagen. Diese Bewertung hinge von den Erfolgskriterien ab, ob etwa Umsatz und Gewinn am meisten zählen oder das Unternehmensziel ganzheitlicher ist.

Manche produktive Beziehungen, aber auch Spannungen an Ihrem Arbeitsplatz sind Ihnen durch diese Übersicht vielleicht klarer geworden. Eventuell hat sich in der systematischen Betrachtung eine Einschätzung herauskristallisiert, ob Sie beruflich insgesamt am richtigen Platz sind oder es eigentlich Zeit für einen Wechsel wäre. Das muss gar nicht unbedingt wegen einzelner Nervensägen der Fall sein, die es überall gibt, sondern wegen der spezifischen Unternehmenskultur, von der sie ein tragender Teil sind, die sie hervorgebracht und gefördert hat. Im abschließenden Kapitel am Ende des Buches finden Sie zusammenfassende Empfehlungen dazu.

Auch schwierige Konstellationen können einige Jahre funktionieren

Wenn Sie feststellen, dass bestimmte Nervensägentypen überhaupt nicht zu Ihnen passen, heißt das nicht, dass eine Zusammenarbeit gar nicht infrage kommt. Aber Sie sind damit vorgewarnt, welche Konflikte auf Sie zukommen könnten. Das erlaubt Ihnen, gelassener zu bleiben: Es ist nichts Persönliches, sondern liegt an Charaktereigenschaften und Werten, die nicht gut zueinanderpassen. Immer ist es sinnvoll zu versuchen, sich trotzdem zu schätzen und miteinander auskommen zu lernen. Insbesondere, wenn Sie in einer bestimmten Position sowieso nur für begrenzte Zeit (maximal zwei bis drei Jahre) bleiben wollen, kann man sich durchaus miteinander arrangieren. Im besten Fall sogar, indem man das offen bespricht und den absehbaren Wechsel gemeinsam plant.

WENN ANDERE MIT PRIVATPROBLEMEN NERVEN

Gelegentlich ist es amüsant und sorgt für interessanten Büroklatsch. Aber wenn Chefs und Kollegen zu viele private Angelegenheiten ins Unternehmen tragen, nervt das. So finden Sie das richtige Maß zwischen Anteilnahme und Abstand.

Manchmal braucht man erst viele Jahre im Berufsleben, um etwas zu erkennen, das doch so offensichtlich ist, aber den Blick auf den eigenen Arbeitgeber völlig verändert: Chefs und Kollegen sind auch nur Menschen. Da mögen sie, je nach Branche, in seriöser Geschäftskleidung an ihren Schreibtischen sitzen, sich vor Präsentationen versammeln, Kostenstellenberichte studieren und sich um die nächste Beförderung balgen. Aber sie führen ein Doppelleben, denn sie sind nicht nur als neutrale Funktionsträger anwesend, wie man sich Professionalität einmal in seiner Naivität vorgestellt hat und wie sie im Zeitalter der moralischen Korrektheit überall propagiert wird, sondern leben am Arbeitsplatz recht ungehemmt allerlei mehr aus. Diese Erkenntnis ist wichtig, um das Nervensägen-Phänomen zu verstehen und weniger schwer zu nehmen: Auch am Arbeitsplatz geht es Ihren Mitmenschen erst einmal um sich und ihre Bedürfnisse. Bei aller Selbstdarstellung und gegenseitigen Versicherung, hier die Sachthemen im Vordergrund stünden, ist meist das Gegenteil der Fall.

Verstörende Einblicke

Ist Ihr Blick erst einmal geschärft, sehen Sie plötzlich, was um Sie herum wirklich abläuft. Der Bereichsleiter und seine Sekretärin, die seit 20 Jahren jeder seiner Versetzungen folgt, verstehen sich nicht nur besonders gut, sondern sind ein Paar, wenn er auch anderweitig verheiratet ist. Deswegen war seine Frau, als sie einmal zum Betriebsfest kam und dort auf seine Geliebte traf, also derart angespannt und schnell betrunken.

Eine andere Kollegin hatte eine Beziehung mit dem Assistenten der Geschäftsführung. Als er Schluss machte, rächte sie sich, indem sie überall in der Firma erzählte, dass er ein Foto seiner Mutter auf dem Nachtisch habe, die ihnen damit immer beim Sex zusah. Der ältere Abteilungsleiter war kürzlich ebenso in einer Verlegenheit, als ihn die Damen vom Empfang nach unten riefen: Bei ihnen stünden zwei Escort-Boys, die behaupteten, dass er ihnen noch Geld schulde. Er eilte nach unten, um das »das unerklärliche Missverständnis« aufzuklären. Der Empfang sah diskret beiseite.

Hier ist der so bieder wirkende Teamleiter, den nach seiner abendlichen Kneipentour inzwischen kein Taxifahrer mehr mitnehmen will: »Der kotzt uns immer den Wagen voll.« Für seine Mitarbeiter, die das einmal mithörten, kam das nicht überraschend: Bei der letzten Weihnachtsparty konnten sie erst nach 2 Uhr morgens das Büro abschließen. Ihr Chef war betrunken in der Toilette eingeschlafen, hatte sich aber eingeschlossen und war ewig nicht wach zu kriegen. Dort ist die Buchhalterin, die herausfand, dass ihr Freund, ein Arbeitskollege, gleichzeitig der Freund von mindestens drei weiteren Kolleginnen war. Aus Rache schrieb sie sämtliche Frauen auf LinkedIn an, und gemeinsam posteten sie ihre empörende Enthüllung mitsamt Namen überall, bis ihr gemeinsamer Vorgesetzter dringend bat, das zu unterlassen.

Die Leiterin des Controllings war vier Wochen im Urlaub und hatte sich heimlich liften lassen in der Hoffnung, dass es außer einem »Du siehst aber erholt aus!« keiner bemerken würde. Doch sie kam so verändert zurück, dass der Verkaufsleiter, der sie seit Ewigkeiten kannte, sie wie einen Gast begrüßte: »Ach, guten Tag, mein Name ist...« Nur, um, beim Bemerken seines Irrtums, mit ausgestreckter Hand zu erstarren, eilig ein Lächeln aufzusetzen und auszurufen: »Grüß dich, meine Liebe! Also, gut siehst du aus!« Verlegenes Küsschen.

Der schwule Marketing-Manager schickte von seinem Dienstaccount eine Bestellung für Designerunterwäsche an seinen Kumpel im New Yorker Vertriebsbüro, versehentlich aber auch an den allgemeinen Verteiler, gefolgt von einer zweiten E-Mail mit der kleinlauten Bitte, die vorherige Nachricht ungelesen zu löschen, was natürlich niemand tat. Zuvor war eine Kollegin das Bürogespräch, die, verheiratet mit drei Kindern, von ihrem Yogalehrer schwanger wurde, was ihr Mann zum letzten Anlass für die Trennung nahm. Darauf musste er wohl nur noch gewartet haben. Immerhin hatte sie schon bei einer Firmenparty nach einigen Gläsern Wein zu viel mit dem unscheinbaren Praktikanten geknutscht, den seitdem alle mit anderen Augen sahen und der mit dem Vorfall um einen Kopf gewachsen zu sein schien.

Hier ist ein Vertriebskollege, der dabei erwischt wurde, wie er Wertsachen – teure Stifte, ein Handy, Geld aus einem zurückgelassenen Portemonnaie – aus den Schreibtischen anderer klaute. Gerüchteweise nicht das erste Mal, aber nun konnte er überführt werden. Seit seiner Scheidung war er wohl in Geldschwierigkeiten, soll auch gespielt haben. Innerhalb einer Stunde war er diesmal weg. Doch das ist nichts gegen den Sachbearbeiter, den Polizisten im Büro verhafteten: Er hatte in Internetforen nach einem Killer für seine Frau gesucht, war dabei aber an verdeckte Ermittler geraten.

Ein Übermaß an Geständnissen, die keiner hören will

All das sind Anekdoten, die sich tatsächlich ereignet haben, wie ich Ihnen versichern darf, und in jedem Unternehmen es auf ähnliche Weise weiterhin tun. Sämtliche Dramen des Lebens spielen sich unter Ihren Chefs und Kollegen ab, wie Ihnen jeder erfahrene Personalleiter im Vertrauen bestätigen wird, der schon einige davon diskret lösen musste. Da kann »People & Culture«, wie sich das HR aktuell nennt, noch so viele idealistische Ethikhandbücher und Intranetbeiträge erstellen und »Sensibilisierungskampagnen« durchführen. Gegen die menschliche Natur sind schon weder Kirche noch Kommunismus angekommen. Da halten Drohungen mit Abmahnungen oder einer fristlosen Kündigung niemanden ab. Kein Mensch kann das Menschsein lassen.

So amüsant manches davon erscheinen mag, kann ein Übermaß an Privaten im Job aber auch nerven. Vor allem, seitdem wir im Zeitalter der öffentlichen Bekenntnisse leben. Seit jeder Prominente seine Intimitäten (Krankheiten, Affären, sexuelle Vorlieben) unbedingt allen mitteilen muss, will da natürlich auch kaum noch ein Arbeitnehmer nachstehen. Vor Jahren hatte ich einen Kollegen, der nach einem Meeting allen feierlich seine Scheidung verkündete. Heute würde man sich auch darüber wundern, aber nur, weil das so banal ist, geradezu beschämend langweilig. Ich habe bereits ein Geschäftsführungsmitglied gesehen, das auf seinem öffentlichen Instagram-Account, unter voller Namensnennung, seine private Zweitkarriere als Drag-DJ vorführt und das als seinen persönlichen Beitrag für mehr »Diversity« ausweist.

Auf LinkedIn wimmelt es nur noch von privaten Bekenntnissen: Probleme mit dem Partner oder den Kindern, geschäftliches Scheitern, Schulden, Drogensucht oder Depression – wäre doch gelacht, wenn man das nicht irgendwie auf »allgemeine Relevanz« drehen könnte, dass man nur »eine überfällige Diskussion anstoßen«, »ein Bewusstsein dafür schaffen« wollte. So lässt sich ein exhibitionistischer Drang glatt noch als Dienst an der Gesellschaft verkaufen!

Das führt teilweise zu interessanten Verrenkungen. Ich sah eine ehemalige Arbeitskollegin in einer Talkshow, die ausführlich zum angeblichen Sexismus im Unternehmen sprach, in dem sie gearbeitet hatte. Den männlichen Führungskräften sei praktisch nicht zu trauen. Was in der 75-minütigen Sendung keinen Platz fand: ein Satz dazu, dass sie selbst eine Beziehung mit einem ihrer direkten Vorgesetzten eingegangen war, ihn geheiratet und zwei Kinder mit ihm bekommen hatte. Seinerzeit posierte die Familie gemeinsam und reich bebildert in einem Blog, der noch online steht. Jetzt darf man nur hoffen, dass das damals alles freiwillig geschah.

Immer daran erinnern, dass im Internet-Zeitalter nichts vergessen geht

Viele private Enthüllungen und Geständnisse bleiben heute für alle Ewigkeit erhalten. Frei zugängliche Web-Archive wie archive.org speichern seit den 90er-Jahren regelmäßig den jeweiligen Stand von Internetseiten und Blogs, auch wenn diese seitdem verändert oder gelöscht wurden. Von Ihren Beiträgen auf den Social-Media-Plattformen macht manchmal doch jemand ein Bildschirmfoto oder eine Kopie und verteilt sie weiter, auch wenn Ihr Original nie öffentlich stand und nicht mehr online ist. Seien Sie also sehr zurückhaltend mit dem, was Sie preisgeben. Es wird Sie möglicherweise ein Leben lang begleiten.

In einer Krise weiterarbeiten, ohne andere zu nerven

In den Karriere- und Führungskräfte-Ratgebern sieht immer alles so einfach aus: Da sitzt der Chef im frisch gebügelten Anzug, alternativ die Chefin im Kostüm, am Schreibtisch und kann sich voll der Aufgabe widmen, »unternehmerische Ziele zu erreichen«. In der Realität ist das oft anders: Da ist der schwierige Job, der lange Arbeitstag und gleichzeitig noch eine private Krise, die es besonders schwer macht, alles zu geben und sich nichts anmerken zu lassen. Da hat die Verkaufsleiterin vielleicht ein krankes Kind oder einen frustrierten Freund zu Hause, der von ihren ewigen Überstunden genervt ist. Der Produktmanager versorgt eine pflegebedürftige Mutter, die jeden Tag besucht werden muss, aber eine Stunde entfernt wohnt und mit der Pflegerin aus Ungarn nicht klarkommt. Der Marketing-Manager denkt an seine Frau, die seit Langem arbeitslos ist, während der Teenager-Sohn in der Schule strauchelt und bedenklich viel kifft. Wie soll man sich da noch auf den Job konzentrieren?

Der Normalfall

Beginnen Sie mit einem tröstlichen Gedanken: Was Sie erleben, ist kein persönliches Versagen oder ein Fluch des Schicksals, sondern der Normalfall. Möglicherweise haben Ihr Vorgesetzter oder Kollegen nie über private Sorgen gesprochen. Aber Sie können davon ausgehen, dass sie ähnliche Probleme umtreiben. Diese Reflektion ist wichtig, damit Sie sich nicht noch unnötig mit Schuldgefühlen, Scham oder Selbstvorwürfen belasten. Sie brauchen Ihre Energie anderweitig. Gleiches gilt für Ereignisse, die Sie grundsätzlich als positiv empfinden, nicht jedoch die damit verbundenen Konsequenzen oder den Zeitpunkt: Da wird vielleicht die Partnerin exakt in dem Moment schwanger, in dem Sie befördert wurden und dafür umziehen müssen. Das gerade auf Kredit gekaufte Haus ist plötzlich in der falschen Stadt, und Sie stecken noch mitten in einer Sinnkrise und einer verschleppten Grippe. Auch hier gilt: nicht perfekt und sicher nervig, passiert aber ständig. Man kann damit umgehen lernen.

Der nächste Schritt liegt darin, die Dauer der belastenden Situation abzuschätzen und das realistisch. Viele Arbeitnehmer erschöpfen sich vor allem deshalb, weil sie eine Krise irrtümlich für kurzfristig hielten und glaubten, sie ohne Veränderungen ihres Alltags bewältigen zu können. Dann wurden Monate oder Jahre daraus. Stellen Sie sich im Zweifel lieber darauf ein, dass die Lage für absehbare Zeit Ihre neue Normalität darstellt. Grundsätzlich ist Optimismus zu begrüßen. Hier geht es jedoch darum, die zu erwartende Belastung realistisch abzuschätzen und Ihre Ressourcen wie Zeit, Geld und Kraft einzuteilen. Was Sie selbst lösen können (beispielsweise Schulden in Raten abzahlen), dürfen Sie optimistischer einschätzen als alles, was Sie objektiv nur begrenzt beeinflussen können (zum Beispiel Erkrankung oder Arbeitslosigkeit von Angehörigen, Verhaltensprobleme der Kinder).

Prioritäten setzen

Bei manchen Problemen bleibt einem nichts anderes übrig, als sich in die Hände von Experten zu begeben und ansonsten auf das Beste zu hoffen. Diese Klarheit ist aber bereits ein Erfolg, den Sie sich erarbeiten müssen: Verschaffen Sie sich einen Überblick, was jetzt zu tun ist und in welcher Reihenfolge. Müssen Sie einen höheren Dispo beantragen, weil in Ihrer Familie ein Einkommen entfällt? Benötigen Sie einen Therapeutentermin, auf den Sie aber drei Monate warten müssen? Hier dürfen Sie in den Modus schalten und planen, wie Sie es für ein Projekt im Unternehmen tun würden: Notieren Sie die konkreten Schwierigkeiten, überlegen Sie sich mögliche Lösungen und wen Sie ansprechen könnten. Gliedern Sie das Problem auf, um es so überschaubar und leichter lösbar zu machen. Wenn Sie den Eindruck haben, alles schlägt über Ihnen zusammen, haben Sie zu lange gewartet. Dieser Schritt bewahrt Sie davor, in die manchmal langwierige Erschöpfung des ewigen Opfers (Typ 1) abzurutschen.

Früh Hilfe suchen ·

Wer es in seinem Job geschafft hat, ist überdurchschnittlich selbstständig, ehrgeizig, kann sich durchsetzen und ist stolz darauf, »auch mal die Zähne zusammenbeißen« zu können. In einer privaten Krise können sich Alleingänge aber rächen: Tendenziell suchen sich gerade erfolgreiche, persönlich starke Führungskräfte privat zu spät Hilfe, weil sie gewohnt sind, Probleme selbst zu lösen. Kümmern Sie sich sehr früh um Unterstützung. Am besten schon, wenn Sie noch keine nötig haben. Ziel ist es, Ihre Ressourcen zu stärken: Wer und was kann Ihnen das Leben jetzt leichter machen und helfen, Ihre Kräfte zu erhalten? Je nach Situation ist eine Vielzahl von Angeboten denkbar: Sucht- oder Schuldenberater, Coach oder Therapeut, vielleicht aber auch eher die gute Freundin oder die Nachbarn, die zum Beispiel mal die Kinder nehmen. Dabei geht es nicht nur darum, Informationen oder Rat einzuholen, sondern sich ein kleines Team aufzubauen, sodass sich Ihre Belastung verteilt, ohne Sie oder andere zu überlasten.

Auszeiten planen

Eine weitere Versuchung ist es, sich in einer Krise besonders stark anstrengen zu wollen, um das Problem schneller zu lösen. Das funktioniert bei absehbar kurzen Belastungen, rächt sich allerdings, wenn sie doch länger als erwartet anhalten, zum Beispiel der kranke Vater doch zum Pflegefall wird und möglicherweise jahrelang betreut werden muss. Achten Sie daher auch in der größten Krise darauf, wöchentliche Ruhezeiten einzuplanen – und wenn es nur ein Abend oder einige Stunden am Wochenende sind, in denen Sie mal für sich lesen oder Musik hören, Freunde treffen oder versäumten Schlaf nachholen. Lassen Sie kein schlechtes Gewissen zu, weil Sie doch mitten in einer Krise stecken und jetzt »unmöglich faulenzen« können. Sie tun im Gegenteil etwas sehr Entscheidendes: Sie bauen neue Kraftreserven auf. Nur wer für sich sorgt, kann es langfristig auch für andere tun.

Überlegt mitteilen

Sollten Sie im Job von Ihren privaten Sorgen erzählen? Das kann sinnvoll sein, wenn sie für eine längere Zeit den gemeinsamen Arbeitsalltag beeinflussen, Sie beispielsweise regelmäßig früher als sonst das Büro verlassen oder kurzfristig nach Hause oder zu einem Termin müssen. Es verbindet menschlich und zeigt Stärke, Authentizität und Würde, wenn Sie eine persönliche Herausforderung andeuten, ohne ausführlich davon zu erzählen. Belassen Sie es bei einer Randnotiz, wenn nicht der Eindruck entstehen soll, Sie wären davon überwältigt. Ausheulen dürfen Sie sich, aber dafür sind Partner, Familie und der engere Freundeskreis da. Allzu viele private Angelegenheiten ins Unternehmen zu tragen ist, trotz aller dankenswerter Angebote vom Betriebsarzt bis zum Psychologen, langfristig nicht die beste Wahl.

In echten Notfällen kann ein guter Arbeitgeber dagegen eine lebensrettende Stütze sein. Nicht nur, dass er manchem wenigstens noch einen Grund gibt, morgens aus dem Bett zu steigen und sich anzuziehen. Er bietet auch noch eine stabile Tagesstruktur, soziale Kontakte und Bestätigung, wenn privat vielleicht gerade alles schiefgeht und zusammenbricht. Dann kann man wenigstens für die acht Arbeitsstunden etwas Normalität erleben und vergessen, was daheim gerade los ist.

Von vielen Mitarbeitern, deren Arbeitgeber in ihrer Branche als schwierig gelten, habe ich gerade nach einer privaten Krise gehört, wie sehr sie sich im Notfall auf ihn verlassen konnten. Freiwillige bezahlte Freistellungen, finanzielle, praktische und emotionale Unterstützung nach Operationen, einem Unfall oder einer Trennung – das vergisst keiner. Danach ist man auch geneigter, den Nervensägen im Job vieles nachzusehen. Im Notfall waren sie für einen da.

Langfristig bleibt am Arbeitsplatz nichts geheim – im Guten wie im Schlechten

Die meisten Unternehmen haben weitreichende Hilfsangebote für besonders schwierige Lebenslagen. Vom Notfallkredit bis zum externen Psychologen und Suchtberater, der bezahlt wird, ohne dass der Arbeitgeber erfährt, welcher konkrete Mitarbeiter bei ihm war. Gehen Sie aber insgesamt davon aus, dass sich in einem Unternehmen langfristig alles herumspricht. Nach meiner Erfahrung allerdings so, wie die Dinge tatsächlich sind, was von Vorteil sein kann. So müssen Sie sich gar nicht zu sehr um Ihren Ruf sorgen, wenn Sie sich korrekt verhalten. Im Gegenteil: Selbst wenn Sie glauben, dass Ihre gute Leistung nicht gesehen wird, wissen am Ende doch alle, wer arbeitet und wer nicht, wer zuverlässig ist und wer ständig Probleme verursacht.

NERVENSÄGEN ÄNDERN, LIEBEN LERNEN ODER SICH TRENNEN

Nervige Menschen gibt es überall. Aber Sie können sich aus-suchen, welche am besten zu Ihnen passen und mit wel-chen Sie sich arrangieren wollen. Hier die Schritt-für-Schritt-Anleitung für mehr Lebensfreude und innere Freiheit.

Wir wissen alle, wie inkonsequent wir sind. Während der Katar-Diskussion hörte ich im Büro eine Mitarbeiterin sagen: »Die Fußball-WM wollte ich eigentlich boykottieren – wegen der Menschenrechte. Aber dann war ich krank zu Hause und habe mich gelangweilt. Da habe ich doch geschaut.« Kurz darauf wurde der Gasdeal mit Katar verkündet, und damit war klar, dass alles wieder gut ist, wenn man nur eine »One-Love-Binde« um seinen Zähler wickelt. Die Regenbogenflagge hat zudem den enormen Vorteil, dass man sich über andere Länder erheben kann, ohne sich Nationalismus unterstellen lassen zu müssen. Sie zeigt schließlich Engagement für mehr Vielfalt und Inklusion, nur eben zu den eigenen Bedingungen. Selbstbestimmung kann es da nicht geben!

Morgen kann immer schon das Gegenteil von heute richtig sein. Erinnern Sie sich zum Beispiel noch an die Zeiten, als alle vor Elektrosmog warnten? Da war man motiviert, all den Elektronikkram auch mal beiseite zu legen, vielleicht sogar gegen Ökostromtrassen und Handymasten in der

Nachbarschaft zu demonstrieren. Heute gilt man dagegen als Faultier, wenn auf dem Nachttisch nicht der Zweitrechner summt, und wird schief angesehen, wenn man sich noch immer kein Elektroauto bestellt hat. Vor einem Gehirntumor wegen zu vielem Telefonieren und Chatten hat niemand mehr Angst, deswegen darf das Handy selbst nachts maximal einen Meter vom Kopf entfernt sein. Wer eine Smartwatch hat, trägt sie auch im Bett. Nur so kann man sich morgens vergewissern, dass man wirklich geschlafen hat.

Echte Veränderung ist aber immer schwierig und nie beliebt. Wir erkennen es daran, wie häufig deshalb lieber Umbenennungen im Vergleich zu realen Ergebnissen diskutiert werden. So sind die Arbeitsbedingungen für afrikanische Landarbeiter in der Kakaoproduktion, darunter viele Kinder, nicht besser geworden. Aber Bahlsen hat seine Keksmarke »Afrika« umbenannt, weil einige diesen Namen »rassistisch« fanden. Sie heißt nun »Perpetum«[11] und enthält ein Drittel weniger zum gleichen Preis. Das hat Management wie Feldarbeiter glücklich gemacht, die sich sicher oft aufgerichtet und gedacht haben: »Es tut weh, dass unser Kakao in einem Keks mit diesem Namen steckt.« So zieht sich das durch alle Branchen. Manche mussten ihre »Putzfrau« erst in »Raumpflegerin«, dann in »Fachfrau für Hauswirtschaft« umbenennen und versteuern ihre Bezahlung noch immer nicht. Aber sie wird durch ihre aktuelle neue Berufsbezeichnung »gewürdigt«, was zugleich die günstigste Form der Prämie ist.

In der populären Netflix-Serie *Manifest,* in der es eigentlich um Zeitreisende geht, konnte man gut beobachten, wie brav – und gleichzeitig auch ängstlich vor einem Versäumnis – die

---

[11] *Merkur*: »›Perpetum‹ statt ›Afrika‹: Bahlsen nennt Waffel nach heftiger Kritik im Web um«, 18. Juni 2012, https://www.merkur.de/wirtschaft/bahlsen-rassismus-afrika-perpetum-kekshersteller-kritik-web-neuer-name-umbenennung-hannover-zr-90808224.html

Produktion sämtliche denkbaren Gruppen und Konstellationen durchging, um sie »sichtbar« zu machen. Schwarze, Latinos und Asiaten in gespielten Führungspositionen? Drin. Eine Wissenschaftlerin, die sich als lesbisch herausstellt? Eingeplant. Eine Anwältin, die ganz selbstverständlich im Rollstuhl sitzt? Auch. Ein Augenzeuge, der ein »Crossdresser« ist? Ebenso und keiner Erwähnung im Dialog wert. Jemand, der von Gott beiläufig als »sie« spricht? Selbstverständlich.

Gar nicht so einfach noch zu wissen, was man selbst will

In diesem Umfeld der nervigen ständigen Ermahnungen, der sanften und vehementen Korrekturen ist es gar nicht so einfach, noch selbst zu wissen, was man will. Denn überall soll man vor selbstständigem Denken geschützt werden, um »keine Gefühle zu verletzen« – außer von denen natürlich, die die falschen Ansichten vertreten. Als der Ravensburger Verlag entschied, sein Kinderbuch *Der junge Häuptling Winnetou* wieder aus dem Programm zu nehmen, vermeldete er reumütig: »Unsere Redakteur*innen beschäftigen sich intensiv mit Themen wie Diversität oder kultureller Aneignung [...] und überarbeiten Titel für Titel unser bestehendes Sortiment. Dabei ziehen sie auch externe Fachberater zu Rate oder setzen ›Sensitivity Reader‹ ein, die unsere Titel kritisch auf den richtigen Umgang mit sensiblen Themen prüfen.«[12]

20 Minuten, die größte Schweizer Tageszeitung, richtete ein 20-köpfiges »Social Responsibility Board« ein, praktisch eine

---

[12] *BW 24,* »Ravensburger zieht Winnetou-Buch zurück – wegen kultureller Aneignung«, 25. August 2025, https://www.bw24.de/baden-wuerttemberg/haeuptling-instagram-ravensburger-verlag-winnetou-buch-kulturelle-aneignung-rassismus-junger-zr-91741329.html

interne Verteilstelle der Sprach- und Denkwünsche von Behörden und NGOs (»Opferhilfe, Vertretungen von LGBTQI+-Organisationen oder Organisationen im Bereich Antisemitismus und Rassismus«). 25 Handbücher für die Redaktion, feministische Grammatik, Fotoauswahl nach Aktivisten-Kriterien und regelmäßige Kritikrunden der externen Experten an der eigenen Arbeit sind daraus entstanden. So kritisieren nun nicht mehr die Journalisten die staatlichen Stellen und Lobbygruppen, sondern bitten darum, von ihnen geschult und geführt zu werden. Eine Bekannte, die dort arbeitete, berichtete von der langen Diskussion, ob man noch »blauäugig« (für naiv) schreiben dürfe oder das nicht auch schon »rassistische Stereotypen« bediene und ob medizinische Fotos zu Affenpocken-Infizierten in Afrika nicht besser nur in schwarz-weiß, also »ethnisch neutral«, gezeigt werden sollten. Immerhin könnte sonst der Eindruck verstärkt werden, dass es dort mehr Seuchen gibt, was zwar stimmt, aber die eigene Bevölkerung leicht zu falschen Schlüssen verleitet. Immerhin könnte sonst der Eindruck verstärkt werden, dass es dort mehr Seuchen gibt, was zwar stimmt, aber die eigene Bevölkerung leicht zu falschen Schlüssen verleitet.

Nicht anders sieht es bei den Social-Media-Plattformen aus. Nachdem Facebook zwei Jahre lang allen ungefragt die Belehrungen aus seinem »COVID-19-Informationszentrum« aufgedrängt hatte, kam das »Klima-Informationszentrum«[13] dazu. Wer vielleicht nur einen Geburtstagsgruß postete, bekam zwangsweise darunter angefügt: »Sieh dir an, wie sich die Durchschnittstemperaturen in deiner Region verändert haben. Mehr Informationen zur Klimaforschung… « Was die Algorithmen wegen unerwünschter Ansichten heimlich ausfiltern oder herabstufen, lässt sich sowieso nur vermuten.

---

[13] Meta, »Gemeinsam gegen den Klimawandel: Klima-Informationszentrum, Challenges-Funktion und neue Nachhaltigkeitsziele«, 20. Mai 2021, https://about.fb.com/de/news/2021/05/gemeinsam-gegen-den-klimawandel/

Selbst denken

So ist es heute entscheidender denn je, subtile und offene Manipulationen durch all die Nervensägen in Unternehmen, Behörden und anderen Organisationen zu erkennen und sich abzugrenzen. Egal, ob es sich dabei um einen Appell an Ihr Mitleid (ewige Opfer, Typ 1), ein Aufstacheln zur Wut (Rechthaber, Typ 2), die Verführung zur Alltagsflucht (Zögerer, Typ 3) oder zur fürsorglichen Mithilfe (Helferseele, Typ 4) oder um um die Tricks der anderen Nervensägentypen handelt. Zögern Sie mit weiteren Entscheidungen nicht, wenn Sie sie erst einmal durchschaut haben, auch wenn sich Rücksichten auf die eigene Karriere und den persönlichen Ruf immer empfehlen. Ein älterer Freund wartete bis zu seinem 65. Geburtstag und ging somit, als er in Rente ging. Auf seinem Internetprofil stellt er sich seitdem so vor: »Endlich in der Opposition!« Dabei ist schon in jungen Jahren vieles möglich, wenn man nur eigenständig denkt und sich das Umfeld, das zu den eigenen Werten passt, sucht.

Dieses abschließende Kapitel fasst zusammen, was wir dazu in diesem Buch besprochen haben, und gibt Ihnen Empfehlungen für Ihre nächsten Schritte. Nervige Menschen gibt es überall. Aber Sie können sich aussuchen, welche am besten zu Ihnen passen und mit welchen Sie sich arrangieren wollen. Für Sie hat es enorme Vorteile, wenn Sie mit Chefs, Kollegen und Geschäftspartnern zusammenarbeiten, deren Werte Sie teilen und deren Verhalten Ihnen entspricht. Sie müssen weniger Konflikte lösen, streiten sich damit weniger und haben mehr Lebensfreude. Gleichzeitig schützen Sie sich vor raffinierten psychologischen Manipulationen Sie mögen manchmal nur nervig sein, kosten aber häufig deutlich mehr: Verlorene Zeit und Geld, verschleuderte Kraft und entgangene Gelegenheiten, weil Sie anderweitig beschäftigt waren.

Darauf achten, was Sie an anderen stört

Zuerst fällt bei nervigen Menschen immer auf, was an ihnen stört. Aber versuchen Sie, es nicht bei der reinen Wertung (»unangenehm«, »anstrengend«) zu belassen, sondern konkret zu beschreiben, welche Eigenschaften und Verhaltensweisen Sie nerven. Zum Beispiel: »Bei meinem Chef nervt mich, dass er mir zwar zuhört, aber sofort auf eine Lösung drängt.« Das ist das typische Verhalten eines Problemlösers (Nervensägentyp 5). Oder: »Meine Kollegin ist ständig so bissig. Was ich auch sage, sie muss mir schon aus Prinzip widersprechen.« Damit ist sie klar ein Rechthaber (Typ 2). Notieren Sie sich möglichst neutral, was genau Sie stört. Mit diesem Schritt distanzieren Sie sich ein wenig und werden vom Betroffenen zum Beobachter. Das macht es möglich, ohne großes Drama einen praktikablen Plan zu entwickeln.

Mit denen auskommen lernen, die nicht unbedingt Ihr Typ sind

Perfekte Menschen finden Sie nirgendwo. Aber Sie haben schon viel erreicht, wenn Sie Ihr berufliches und privates Leben mehrheitlich mit Menschen teilen, die Sie grundsätzlich mögen und deren Schwächen sie hinnehmen können. Ein nächstes Ziel könnte es sein, den Kreis dieser Menschen zu vergrößern, also Akzeptanz und Sympathie auch für diejenigen zu entwickeln, die »nicht Ihr Typ« sind. Lernen Sie, gelassen damit umzugehen, dass wir unterschiedlich sind, aber trotzdem miteinander auskommen können.

Ausprobieren, was Sie ändern können

Grundsätzlich können Sie andere Menschen nicht ändern. Aber Sie können sie zu freiwilligen Änderungen anregen, wenn sie es wollen. Empfehlungen dafür haben Sie in den Kapiteln *So befreien Sie sich von den Tricks der Nervensägen* (separat für jeden Typ) und *Neun Blitzstrategien gegen Nervensägen* (übergreifend für alle) gefunden. Probieren Sie einige davon an Ihrem Arbeitsplatz aus. Haben Sie beispielsweise eine ständig bedürftige Kollegin als ewiges Opfer (Typ 1) eingeordnet, trösten und helfen Sie nicht mehr. Sondern ermutigen Sie sie zu mehr Eigenverantwortung, ohne sich für ihre Entscheidungen mitverantwortlich zu fühlen. Beachten Sie dabei aber immer, dass sich Ihr Gegenüber für oder gegen diese Möglichkeit entscheiden kann und darf. Auch wenn Ihre Einschätzung zutreffend und Ihr Rat sinnvoll ist, folgt daraus nicht, dass andere entsprechend handeln müssen.

Das sollte allerdings kein endloser Versuch werden. Es ist wichtig, mögliche Spielräume an Ihrem aktuellen Arbeitsplatz auszuloten. Aber nach circa sechs bis neun Monaten haben Sie Klarheit darüber, was möglich ist und wo Sie an Grenzen stoßen. Dann stehen Sie vor der nächsten Entscheidung: Ob Sie mit der Situation, so unvollkommen sie ist, leben können oder sich verändern wollen. Das muss nicht sofort geschehen. Aber wenn Sie erst einmal den Entschluss dazu getroffen haben, lenken Sie negative Energien in positive Aktivitäten um: Konzentrieren Sie sich auf Bewerbungen, stärken Sie Ihr Netzwerk im Unternehmen und in der Branche, suchen Sie sich einige Projekte, mit denen Sie profilieren können. Das reduziert auch vorhandene Spannung am Arbeitsplatz. Sie sind zu beschäftigt und gedanklich bereits bei Ihrem nächsten Schritt, als noch viel in die Auseinandersetzungen mit Kollegen zu investieren.

Menschen finden, die zu Ihnen passen

An diesem Punkt wissen Sie bereits recht gut, was Sie an anderen nervt. Ebenso sollte Ihnen klar sein, welche Eigenschaften und Verhaltensweisen Sie an anderen bevorzugen. Wer passt zu Ihnen, welche Konstellation hat für Sie bisher immer funktioniert? Entscheiden Sie sich am besten für zwei, drei Nervensägentypen aus unserer Liste, mit denen Sie gut auskommen könnten, weil deren Stärken aus Ihrer Sicht ihre Schwächen überwiegen. Ein Blick zurück ins Kapitel *Wer passt zu wem? Nervensägen in der Kombi* hilft Ihnen bei dieser Überlegung. Schätzen Sie beispielsweise eine organisierte, strukturierte Arbeitsweise mit einem Fokus auf Methoden, Techniken und Werkzeugen, passt der Problemlöser (Typ 5) zu Ihnen. Für Sie wäre es dann wahrscheinlich weniger störend, dass er sehr leistungsorientiert ist, sich und andere manchmal überlastet. Sie kennen das Risiko, könnten aber damit leben. Auch hier können Sie wieder nur für sich entscheiden. Manche im Team werden es anders sehen.

Überlegen Sie nun, wo die Menschen, die tendenziell besser zu Ihnen passen, wohl arbeiten würden. Konkret: In welchen Branchen und Unternehmensformen – Einzelunternehmen, Start-up oder Konzern, Behörde oder Universität? Um im Beispiel zu bleiben: Problemlöser sind unternehmerisch interessiert und wollen etwas praktisch bewegen. So würden Sie solche Menschen wahrscheinlich in höheren Führungspositionen in der Wirtschaft sowie als Einzelunternehmer und in Start-ups finden. Das bedeutet: Wenn Sie das ebenso wollen, ist klar, wo Sie sich bewerben, wenn Sie bisher noch in einem anderen Umfeld sind, in dem es beispielsweise eher um Machtspielchen und eigene Absicherung geht, wo eher der Rechthaber (Typ 2) zu finden wäre und nach oben kommt.

Verstehen, wo Sie wirklich hingehören

Wenn Sie feststellen, dass Sie mehrheitlich von Chefs, Kollegen und Geschäftspartnern umgeben sind, deren Ansichten und Verhaltensweisen Ihnen nicht gefallen und nicht entsprechen, ist es Zeit für einen Wechsel spätestens innerhalb von zwei bis drei Jahren. Bis dahin kann man durchaus pragmatisch sein und bleiben (zum Beispiel mangels Alternative und weil Sie keine neue Probezeit riskieren wollen). Halten Sie länger aus, ist es wahrscheinlich, dass Sie sich immer mehr als Opfer der anderen und Ihrer Situation fühlen und damit selbst zum ewigen Opfer (Typ 1) werden, was niemanden glücklich macht.

Dabei muss keine Fehlentscheidung die Ursache dafür sein, dass Sie sich bei Ihrem Arbeitgeber fremd fühlen. Vielleicht war das bei Ihrem Eintritt ins Unternehmen noch nicht der Fall, aber Sie verändern sich und Organisationen ebenso. Halten Sie sich weder mit Klagen (typisch für ewige Opfer, Typ 1) noch mit Schuldzuweisungen (Rechthaber, Typ 2) auf, sondern kümmern Sie sich um sich und anschließend um Ihre eigene Zukunft. Negative Gefühle – Enttäuschung, Frust, Wut – wandeln Sie damit in eine positive Kraft um.

Gelegentlich genügt bereits der unkomplizierte Wechsel in eine andere Abteilung, falls wirklich nur eine Person, etwa Ihr Vorgesetzter, Sie belastet. Aber üblicherweise ist sie symptomatisch für die Unternehmenskultur, sonst wäre sie nicht da und erst recht nicht in einer Führungsposition. Das bedeutet, dass für Sie ein größerer Wechsel notwendig ist. Das heißt jedoch nicht, dass Sie damit nun einen Fehler korrigieren, der sie in Ihre aktuelle Lage gebracht hat. Sondern Sie erkennen damit Veränderung an: Sie sind nicht mehr der Mensch, der Sie einmal gewesen sind, und auch Ihre Umgebung kann sich verändert haben und nicht mehr passen.

Erkennen, wie Sie sich verändert haben

Tagebücher sind aus der Mode gekommen, persönliche Internetblogs ebenso. Dabei ist die langfristige Reflexion wertvoll: Sie sehen im Rückblick, wo Sie einmal gestanden haben und wie Sie sich seitdem verändert haben. Im Moment scheinen Sie nicht voranzukommen und stoßen ständig auf neue Hindernisse. Blicken Sie zurück, sehen Sie allerdings erstaunt, was Sie doch alles erreicht haben. Wenn Sie gerade über Veränderungen nachdenken – der Kauf dieses Ratgebers ist ein Hinweis darauf –, könnten Sie kurz notieren, wie Sie sich aktuell fühlen. Beantworten Sie beispielsweise für sich die nachfolgenden Fragen:

1. Mit welchen fünf Adjektiven würde *jemand anderes* Ihre beste Seite beschreiben?
2. Wie würde *jemand anderes* Ihre schlimmste Seite beschreiben?
3. Mit welchen fünf Adjektiven würden *Sie selbst* Ihre beste Seite beschreiben?
4. Wie würden *Sie selbst* Ihre schlimmste Seite beschreiben?
5. Welche Sorgen haben Sie in Bezug aufs Leben?
6. Was motiviert Sie?
7. Was ist Ihre berufliche und persönliche Vision?
8. Welche Vorhaben haben Sie derzeit für Ihr Leben?
9. Wie hoch ist Ihre Lebensqualität auf einer Skala von 1 bis 10 (10 = maximal hoch)?

Vermerken Sie anschließend in Ihrem Kalender, dieselben Fragen in drei, sechs, neun und zwölf Monaten erneut zu beantworten. Lesen Sie erst jeweils danach Ihre früheren Antworten noch einmal. Bei welchen Punkten hat sich Ihre Meinung nicht geändert, was ist nun anders?

Auch an Ihrem neuen Arbeitsplatz werden Sie auf Menschen treffen, bei denen Sie manchmal denken: Sorry, Ihr nervt! Aber wenn sie die Ausnahme darstellen, Sie Ihnen nicht wirklich böse sein können und Sie sich selbst angenommen fühlen, wissen Sie, dass Sie am richtigen Platz sind. Vielleicht nicht für alle Ewigkeit, aber für Ihre jetzige Lebensphase.

Entspannter arbeiten

Jeder von uns trifft regelmäßig auf Nervensägen am Arbeitsplatz und im Privatleben – und ist manchmal selbst eine. Jammert über etwas, das er mit mehr Anstrengung und Konzentration auf Lösungen selbst ändern könnte. Streitet sich um etwas, obwohl das Thema gar nicht so wichtig ist oder sich ein Kompromiss finden ließe, wenn man nur weniger eigensinnig wäre. Kümmert sich vor allem ums eigene Vergnügen, obwohl Wichtigeres zu tun wäre, oder mischt sich in die Angelegenheiten anderer ein, wenn auch mit den besten Absichten. All das ist völlig menschlich und lässt sich niemals ganz vermeiden, muss aber auch nicht ständig sein.

Wenn Sie sich das nächste Mal über einen nervigen Chef, Kollegen und Geschäftspartner ärgern, versuchen Sie, für einen Moment Ihr eigenes Genervtsein beiseite zu schieben. Beobachten Sie stattdessen aufmerksam Ihr Gegenüber: Was verrät es in seinen – vielleicht unschönen – Worten und Taten über sich und seine Situation? Sie werden erkennen, dass es oft gar nicht um Sie geht, sondern die Nervensäge damit eigene Frustrationen und Bedürfnisse verrät. Wenn Sie diese adressieren, anstatt die Dinge allzu persönlich zu nehmen, lösen sich viele zwischenmenschliche Spannungen plötzlich auf. Sie zeigen Größe und Souveränität und stärken durch diese kurze Überwindung langfristig Ihre eigenen Interessen.

Mit diesen Anregungen endet unsere gemeinsame Zeit. Sie haben dabei gelernt, Nervensägen systematisch einzuordnen, passende Strategien gegen sie auszuwählen, aber auch sich selbst weiterzuentwickeln. Gleichzeitig haben Sie sich hoffentlich ein wenig amüsiert und dabei auch beschlossen, generell nicht alles zu ernst zu nehmen. Einige Arbeitsblätter für die persönliche Reflexion Ihrer Werte, Prioritäten und Ziele können Sie sich bei Interesse kostenlos auf meiner Webseite unter attilaalbert.com herunterladen. Schreiben Sie mir darüber auch gern eine Nachricht, wenn sich für Sie eine Frage ergeben hat. Viel Erfolg auf Ihrem Weg, sich im Job weniger nerven zu lassen und entspannter zu arbeiten!

Immer wissen, wie viel Macht Sie anderen geben und wo Ihre Grenzen sind

Innere Unabhängigkeit hat mit sehr praktischen Möglichkeiten zu tun, beispielsweise ob man bei Bedarf schnell einen neuen Job finden würde, genügend Ersparnisse und nicht zu hohe eigene Kosten hat. Aber sie hat noch mehr mit der persönlichen Einstellung zu tun: als wie unabhängig Sie sich empfinden, wie viel Verfügungsmacht Sie anderen über sich geben wollen und wo Sie Grenzen ziehen, auch wenn das etwas kostet und unangenehm ist. Jede Nervensäge ist damit Herausforderung und Chance zugleich: Sie versucht, Sie in ihrem Sinne zu beeinflussen. Sie können sich für diese Beeinflussung entscheiden, wenn Sie das möchten, haben aber ebenso immer die Freiheit zu sagen: »Nein, das möchte ich überhaupt nicht.«

DIE ANDEREN NEHMEN, WIE SIE SIND

»Die sind doch alle verrückt geworden«, ist ein häufig gehörter und meistens verständlicher Ausruf. Aber realistischer ist: »Ein bisschen verrückt sind wir doch alle!« Das ist gelegentlich kein Vergnügen. Aber wie langweilig wäre das Leben, wenn wir alle gleich wären, im Job und anderswo.

Man kann sich viel vom eigenen Lebensglück nehmen, wenn man sich ewig an den Nervensägen aufreibt, denen man unweigerlich überall begegnet. Wenn man versucht, sie zu ändern, obwohl die eigene Erfahrung gezeigt hat, dass das nie funktioniert. Erst ärgern Sie sich damit über die anderen, dann über sich selbst. So vergeben Sie viele Chancen, interessante Menschen näher kennenzulernen, die anders als Sie denken und handeln, aber bei näherem Hinsehen eigene Qualitäten und lehrreiche Lebenswege haben.

Sie können die Nervensägen als Gelegenheit annehmen, andere und damit sich besser zu verstehen und anzunehmen. Sie haben sie sich nicht ausgesucht, können sich aber dafür entscheiden, das Beste daraus zu machen, wenn Sie schon einmal da sind. Auch wenn die Chefs, Kollegen und Geschäftspartner manchmal nerven, lässt sich mit ihnen umgehen, ohne selbst den Verstand zu verlieren. Sie können sogar über vieles lachen, was Sie vorher sehr ernst genommen haben. Das Arbeiten wird dadurch leichter und Ihr Leben auch.

ÜBER DEN AUTOR

Attila Albert, geboren 1972, ist Kommunikationsexperte, Coach und Autor. Mit 17 begann er als Reporter zu arbeiten, schrieb seitdem für namhafte Medien im In- und Ausland und ist bis heute als Kolumnist tätig. Er studierte Betriebswirtschaft, Webentwicklung und absolvierte eine Coaching-Ausbildung in den USA. Seit 2013 lebt er in Zürich. Für einen Schweizer Industriekonzern betreute er die globale Marketing-Kommunikation. Von ihm ist bereits *Ich will doch nur meinen Job machen* im Redline Verlag erschienen.

www.attilaalbert.com